SKYLINE
天际线

望远 知新

Weeds 野草

野性之美

[英国] 加雷思・理查兹　著
英国皇家园艺学会　编
光合作用　译

THE BEAUTY AND USES
OF 50 VAGABOND PLANTS

译林出版社

CONTENTS

目录

引言

50种流浪的植物

我们为何要学着喜爱野草

自然界中，野草对人类给地球造成的创伤反应最快，它们能为地球疗伤。野草用充满生命力的绿芽穿透废弃的柏油马路和水泥地，哪怕是污染最严重的土地，野草也能英勇地让其恢复生机。

雏菊能从人行道的缝隙中欣欣然探出头来，甚至可以说是大叶醉鱼草将废弃建筑变成了蝴蝶的天堂——无数被人们当成野草的植物却有着惊人的力量。车前和酸模是帮助分解板结土壤的专家。就算是喜马拉雅凤仙花和虎杖这样真正的“植物流浪汉”，也是出色的蜜源植物*。每种野草都自有其可取之处。

紧要关头，野草还能出手相救。倘若你在离家较远的乡间散步时不慎被割伤，有几种野草可以用来止血，甚至还能起到抗菌作用。农作物歉收的时候，野菜能用来填肚子。如今，或许大部分的乡野风光已不复存在，但一些了不起的野草却给灰色的混凝土重新涂抹上绿色，它们是自然野性提出抗议的声声回响。

在物种灭绝的时代，野草能带来希望：它们的存在持续不断地证明了大自然的恢复能力。可是人们常常对野草之美视而不见。近50年前，在首次出版的《非正式的乡村》一书中，博物学家理查德·梅比就曾赞扬过野草，他写道："把某种植物当作野草的观念，是阻止我们近距离观察它的最大障碍。"

现在，人们的态度总算开始有了改变。你只要去看看英国皇家园艺学会（RHS）的花展，就能发现在过去的半个世纪里，人们的态度发生了多大的变化。1975年，传奇女园艺家贝丝·查托由于使用本土植物（即许多人眼中的"野草"）而差点被取消参展资格。当年的人们一定想不到，如今，蓝沼草和峨参这样的"野草"会在园艺中发挥作用。人类慢慢睁开了自己的眼睛，开始看见野草之美。

土生土长重要吗?

我们的观念在很大程度上会随时间而变：严格来说，像虞美人和矢车菊等许多深受喜爱的野花，同虎杖一样都是"非本土"植物。只因它们已经在我们的国家生存了数百年，我们才逐渐开始欣赏，甚至喜欢上它们。

确定哪些野草是本土植物相当棘手。有些野草已经在人类身边存在了太久，我们无从探究它们的确切来源。此外，不断加速的气候变化也意味着如今界定英国的本土物种和非本土物种（即试图探究如果英国的植物群从几千年前就保持不变会是什么样）似乎越来越无关紧要了。

通常，植物犯下的唯一罪行就是长得过于茂盛。人们总是想要那些不能真正拥有的东西：当我们在英国精心种植百子莲时，澳大利亚的一些地方却把百子莲当作野草（百子莲也不是澳大利亚本土植物）。的确，没有哪种植物是绝对意义上的野草。"野草"更像是我们的一种看法，而非某种定义。

人类是野草产生的元凶

大自然厌恶空地。自然界很少有裸露的土壤，人类却通过耕犁田地、翻挖花园、建房铺路努力创造空地。若不是人为制造出生态空地，这些空荡荡的地方就不会有这么多野草。野草只是在努力治疗大自然母亲绿色皮肤上留下的伤口。

写这本书让我意识到野草是多么宝贵。若我们把某些植物当作野草，那么必然会将它们清除干净。可如此一来，我们的城镇和乡村风景将大为逊色，更别提野生动物也几乎无法生存了。

野草妙不可言

野草无处不在地发挥着作用。没有洒过除草剂的草坪上会长满车轴草、蒲公英和蓍，这样的草坪要比物种单一的草坪更能经受住暴雨，因为多样化的根系结构更利于排水。它们还能自我供养（例如车轴草可以通过“固定”空气中的氮来制造肥料），即便遭受干旱，也能更长时间地保持绿色。

随着野生动物数量的急剧下降，园丁做出何种选择变得空前重要。学会将野草当作工具，用来指导自己该做哪些园艺活儿，这可是一项宝贵的技能。例如匍枝毛茛的出现通常意味着草坪过于潮湿，继而导致矮禾草无法茁壮成长。你会选择忙着对草坪大肆喷洒除草剂、彻底排水、杀死野生动物，只为打造一片完美的草地滚球场，还是听从大自然的吩咐，把草坪变成一片野花草地，看朵朵美丽的鲜花点缀其间，听生命之声嗡嗡作响？

也许对于园丁来说，能学到的最佳技能就是辨识幼苗，尤其是辨识野草，并能慎重判断它们是否确实属于“野草”。此时此地，它们真的算是野草吗，还只是在理论上属于“野草”？花园中最茂盛、最美丽的植物往往都是些幸运的意外。

记住野草的拉丁学名

人们的确会对熟悉的事物滋生轻视之情。即使是经验丰富的园丁，也只知道大部分野草的英文俗名。如果我们知道了它们的拉丁学名，野草是否就能赢得人们更多的尊重呢？学习野草的学名、了解它们是什么科的植物之后，你将收获一个全新的视角：田旋花是旋花属（与裂叶牵牛有亲缘关系）；桐叶槭和鸡爪槭一样，是槭属植物。了解野草的学名，更便于我们去欣赏它们。

伊登·菲尔波茨在一个多世纪前写道：“宇宙中充满了神奇的事物，它们正在耐心地等待着人类智慧的开化。”时至今日，这个观点依然正确。世界在变，许多人开始重新打量本地的绿地，也比以往更看重家门口的事物。花些时间、放慢脚步，细细观察并欣赏生活中遇到的小小野生动植物，你将收获满满。

野草是流浪的植物，是漫游者，是不速之客……它们拥有无限的能力，可以治愈地球，治愈我们的身体，或许，也能治愈我们的心灵。

---

* 在野外种植是违法行为，见具体物种条目。——原注

1

桐叶槭

Acer pseudoplatanus

类别：乔木

科：无患子科

用途：观赏

毒性：无

我们这些园艺爱好者，是不是多少有点排外情绪？当生态学家、环保主义者们面对本土树木的生存危机时，表现出的某种盲目民族主义会不会带来严重后果？如果树木能开口，桐叶槭对这两种偏见都有话要说。

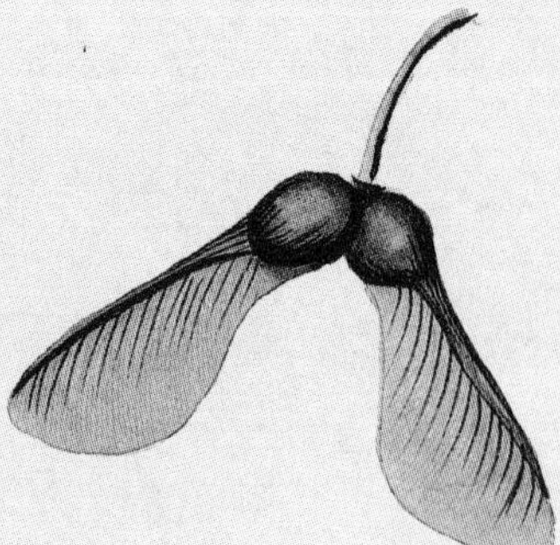

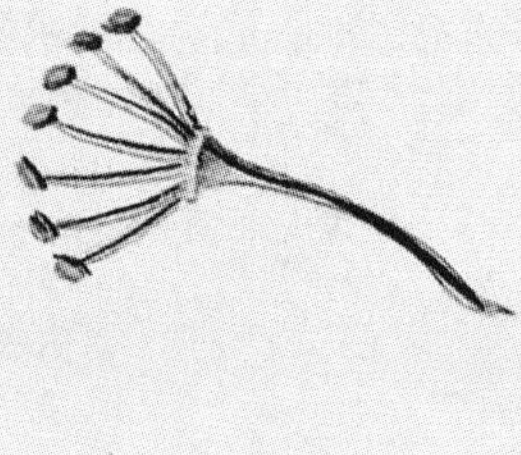

桐叶槭常被妖魔化，人们把它视作一种讨人嫌的外来入侵杂木，以至于过去它在英国始终背负着坏名声。然而，近年来有越来越多的人对它不吝赞美。它坚韧不拔、对野生动物友好、易与人类共处，这些优良品质使得桐叶槭似乎很可能在21世纪完成从寂寂无名到受人追捧的华丽转身。

随着英国本土树种遭受的病虫害威胁逐渐严重，谁有可能取代它们的席位呢？

榆树已从园林景观中淡出，此后欧梣（*Fraxinus excelsior*）一度承担起挽救这场危局的大任。但如今，由于枝枯病泛滥，欧梣也开始消失。而桐叶槭因为生长迅速、容易自播扩散，且在英式景观中的效果宛若天成，似乎成了颇有希望的备选。

依据花粉化石的记录，有部分观点认为桐叶槭从某些方面来说实际上是一种英国本土植物，尽管这一点很难得到证实。如果换个角度看待这个问题，我们应该承认自然界从来就不是静态的，但在英国，我们对本土性的界定把我们的植物种群锁定在了几千年前的版本上，而忽视了实际上物种的自然分布会随时间发生变化。即使没有人力干预，桐叶槭也可能会自然而然地来到这里。除此以外，气候变化正在逐渐弱化我们对于“本土”的定义。

不管桐叶槭是不是本土植物，它都早已融入了我们的历史。莎士比亚的笔下有它，托尔普德尔蒙难者曾于1833年在一棵桐叶槭下集会，甚至在中世纪的教堂雕刻中也能见到它的身影。在野外林地中，桐叶槭的表现与本土树种难分伯仲。它还可以作为优质的萌生林*，同时也是野生动物理想的栖息场所；与橡树相比，尽管栖息在桐叶槭上的昆虫种类相对较少，但数量却多得多。尤为值得一提的是，桐叶槭是许多蚜虫的寄主植物，而蚜虫之于陆生生物相当于磷虾之于海洋：这种数量极为丰富的小型生物构成了食物链中最重要的基础。

自然成熟的桐叶槭如橡树般俊美。这些高大又长寿的树木能长到约30米，同时具备坚韧的抗性，能承受海岸的严酷环境、山坡的寒冷气候，甚至严重的城市污染。另一方面，这种浅色木材质地坚固，用途非常广泛，既能制作乐器，也能用作厨具的原材料，制成的厨具对食物的味道不会有丝毫影响。

桐叶槭的掌状叶子有五个裂片，看起来神似加拿大国旗上经典的枫叶图案。这种相似性并非巧合：桐叶槭的属名*Acer*（槭属）表明，它与以制作枫糖浆而著称的糖枫，以及深受众多园丁喜爱的羽扇槭来自同一个属。通过比较它们的种子，其家族相似性显而易见。这种带翅膀的种子有着可爱的名字，叫作翅果，在秋风习习的日子里会像小型直升机一样盘旋降落到地面。一棵成熟的桐叶槭一年可以结出10 000粒翅果，可见这种树木多么希望能助人类一臂之力。也许是时候让它大展身手了！

前页图 春天里，桐叶槭圆锥状的花序很受蜂群喜爱。
对页图 桐叶槭（下）及其近亲栓皮槭（*Acer campestre*，上）。

* 指由树木伐桩上的萌条、根蘖无性繁殖形成的森林。——译注

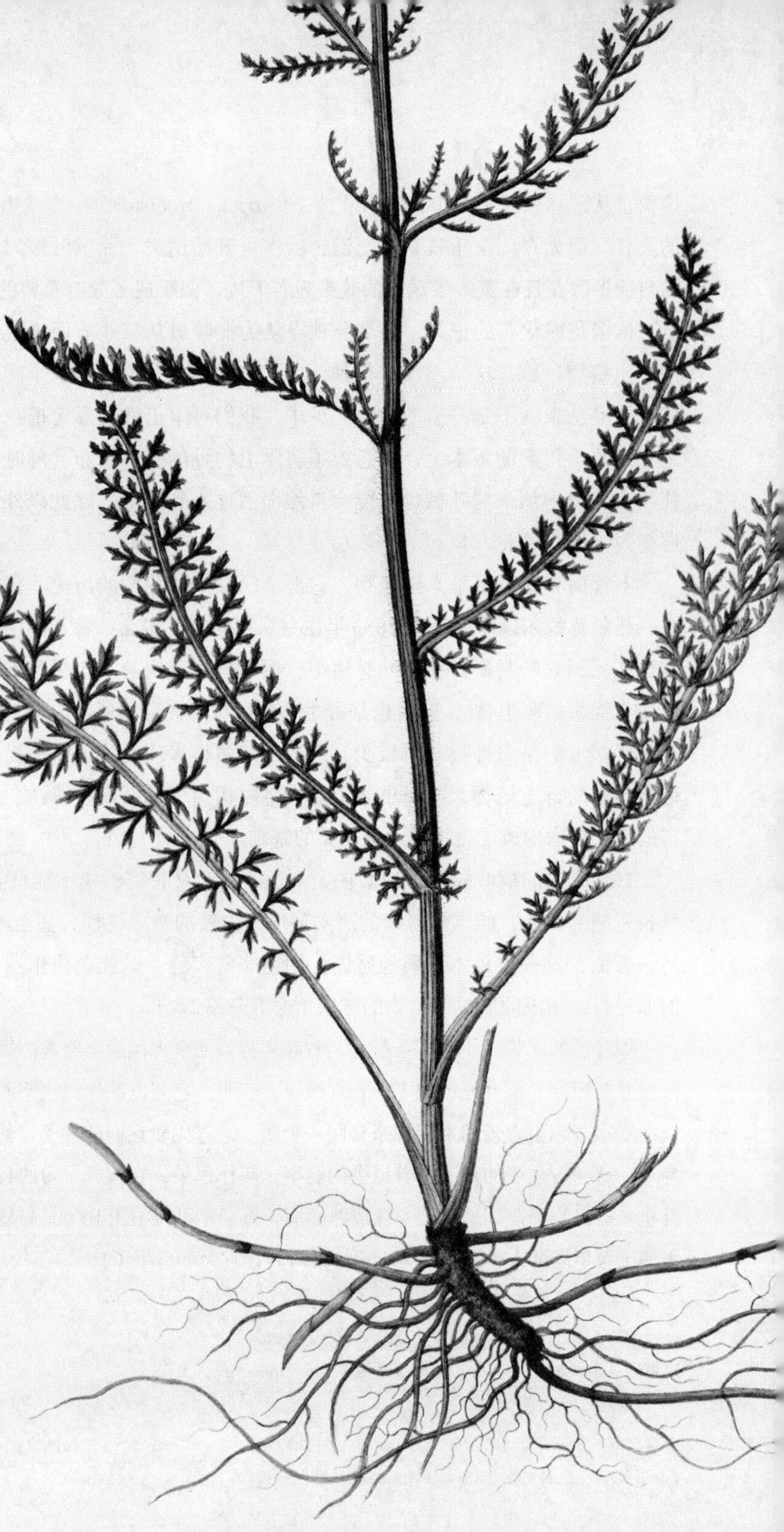

2

蓍

Achillea millefolium

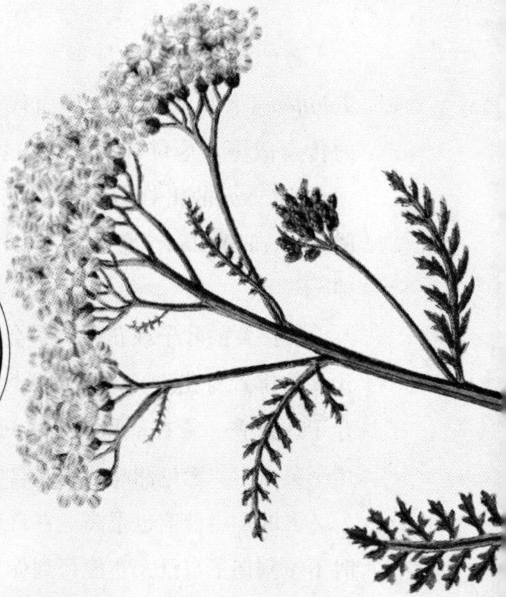

类别：多年生草本

科：菊科

用途：食用、药用、观赏

毒性：无

蓍是我们本土植物群中低调的超级巨星。它个头虽小，却有一身本领，既可食用又可药用，对牧场动物和野生动物都十分友好，能在干旱期令你的草坪保持葱翠，同时也是堆肥的好材料。

蓍的用途广泛，证明在很久以前，人类就已了解并喜爱上了它。它的属名*Achillea*（蓍属）出自古典时代——源于特洛伊战争中的英雄阿喀琉斯（Achilles）的传奇故事，这位神话般的人物将蓍带上战场，用来为战士们疗伤。对于其种加词*millefolium*的出处有不同的说法，可能源自拉丁语中的“千叶”，也可能来自希腊语myriophyllon，意为“数不清的叶子”（myrio代表“无数”，phyllon的意思是“叶子”）。

揉搓蓍的叶子或花朵时，会闻到一种温暖甜蜜的草本植物香味，有点类似菊花，让人仿佛置身花店。这种关联性透露了它的家族信息：它属于菊科。蓍强烈的味道介于迷迭香、薰衣草和苹果之间，充满草本植物的绿色气息。试试将它的花和嫩叶用于菜肴中，无论甜味或咸味食物，它都能与其相得益彰。

蓍的药用价值也很高。它自带消炎和杀菌的特性，如果你在侍弄花草或乡间散步时不慎割伤了自己，它能帮到你，这也是旧时蓍被称为“治伤草”和“止血草”的由来，但切勿在孕期使用。传统上它还有许多其他用途，包括治疗从普通感冒、流感、尿路感染到腹泻等各种疾病。用蓍泡的茶有利尿功效，不过千万别在睡前饮用。如果想将这种植物用于烹饪或药物，比起园艺栽培品种，更推荐你种植或寻找野生品种。

在户外，蓍还有其他有趣的本领。通过在叶子中积累矿物质，它能助力改良土壤。它相当耐旱，因此是干旱地区牧场的重要成员。食草动物也喜欢蓍，因为它能提供食物中的矿物质。园丁可以将它们放进堆肥溶液中或者作为堆肥活化剂。人们历来习惯将蓍称为“植物医生”，认为把它种在健康状况欠佳的植物旁能改善它们的生长。此外，有蓍的草坪即使在干旱期也能长保青翠。

许多传粉昆虫都对蓍情有独钟；它平顶型的头状花序为蜂类和蝴蝶等昆虫提供了完美的降落平台。花期较长也是它的优势：蓍的花朵从暮春开始绽放，能持续整个夏天，一直开到秋末。花朵的高度受生长条件影响，差异很大，从8～60厘米不等。

英国皇家园艺学会植物名录中收录了50多个蓍的栽培品种。野生品种花色繁多，从象牙白到淡粉色都有，栽培品种则更加绚烂缤纷，有活泼明朗的黄色、粉红色、橙色，还有各种红色。

前页图 蓍的根系强壮，能从土壤中汲取养分。
对页图 蓍的栽培品种数量众多、花色丰富。

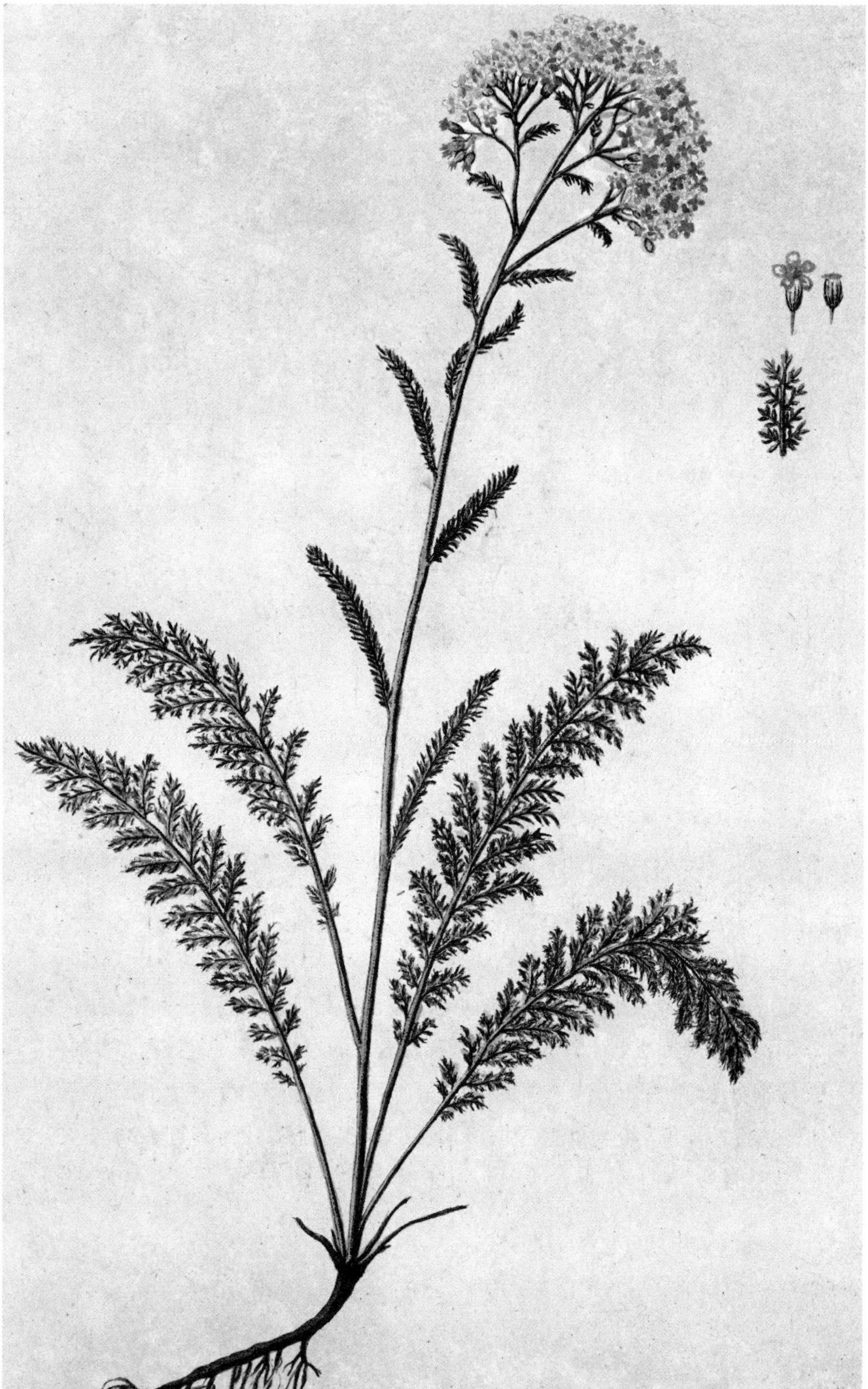

3

羊角芹

Aegopodium podagraria

类别: 多年生草本

科: 伞形科

用途: 食用、药用、观赏

毒性: 无

羊角芹被公认为最难对付的野草之一，它的名字让众多园丁心惊胆战。羊角芹的根很长，悄悄地在地下蔓延，相当脆弱易断——想象一下，当你手持挖土叉、小心翼翼地追踪着它的根系，刚好进入你心爱的翠雀花丛时，啪！根突然折断了！根一旦断了就再无迹可循。而即便是最细碎的羊角芹断根也能再生，这让园丁气到跳脚又无可奈何。

据说，羊角芹是特地被引入英国的。究其原因，早在空运食品和各类药品出现之前，人们就发现取之不尽的羊角芹嫩叶有许多用处。传说中，罗马人（他们对英国的贡献相当有限）就是它的忠实拥趸，他们在大约2 000年前就把它传播到罗马帝国内不出产羊角芹的地区，英国就是其中之一。羊角芹具有多种药用功效，主要可以治疗痛风，这便是俗名“痛风草”的由来。它还被当作调味菜添加到炖菜中，成为我们日常饮食的一部分。

如今，羊角芹的口碑可谓毁誉参半。虽然它有时会荣登高档餐厅的菜单，但也常令美食界的新手摇头。羊角芹的食用诀窍其实在于采摘的时机：叶子刚萌发时最为理想。此时的叶片呈半透明状，尚未完全展开，可以为沙拉增添一丝胡萝卜和欧芹的味道，因为它们同属于伞形科。这种春季时令美食适合搭配蔬菜和鱼类一起享用。

而稍老一点的叶子可用黄油或橄榄油加少量水慢慢烹煮，不断搅拌，直至完全变软。也可以试着把它加到咖喱菜肴中，或代替豆瓣菜做汤，又或者沿袭我们祖辈的方式做成炖菜。重复采摘会让羊角芹植株的新叶不断萌发，可作为野生花园中的一种多年生蔬菜，常保供应，且在荫蔽处也能生长良好。

羊角芹的根系在地下展开，地面部分则像一块绿茸茸的毯子，株高10～25厘米。有研究表明，在理想的生长条件下，单棵植株一年的覆盖面积可达3平方米！

6月里，羊角芹1米高的白色花冠探出俏丽的脑袋。它们模样可爱，粗矮的身材介于峨参和欧独活之间。这些盛放的花朵为羊角芹赢得了野生动物的青睐，供养着蜜蜂和对人类有益的寄生蜂，这类寄生蜂的幼虫以蚜虫和其他花园害虫为食。

尽管羊角芹的俗名之一叫作“地接骨木”，但它与接骨木毫无关系。羊角芹属于伞形科（Apiaceae），早年间，这个家族更因它们独特的伞形花序酷似被风刮翻的伞，而直接冠以与“雨伞”同样的词根，被形象地叫作Umbelliferae（伞形科）。但要小心：伞形科家族中同时混杂着可食用植物和有毒植物。除非你能百分之百地确认它们的身份，否则就不要食用任何野生植物。

有一款羊角芹的斑叶栽培品种“变叶”（Variegatum）被认为具有较低的入侵性，迷人而又生命力顽强，适合栽种在花园的阴暗区域。它淡绿的叶子自带奶油色镶边，是搭配蕨类植物和其他林地植物的理想选择。不过，鉴于其强大的自播能力，务必记得在种子成熟前摘除花朵，以保万无一失。对于勇于尝试的园丁来说，它不失为一个特别的植物品种！

前页图 通常园丁们都讨厌羊角芹，但它用途之广鲜有人知。
对页图 漂亮的伞形花序揭示了这种植物与胡萝卜、峨参和欧独活之间的关系。

4

琉璃繁缕

Anagallis arvensis

类别：一年生草本

科：报春花科

用途：观赏

毒性：无

琉璃繁缕是个可爱又顽皮的小家伙，它悄悄爬满阳光充足的地方，用一朵朵娇美的五瓣花装扮整个夏天。它天性善变，种在不同地点的琉璃繁缕外形和颜色会有不同，每一代之间也会产生变化。

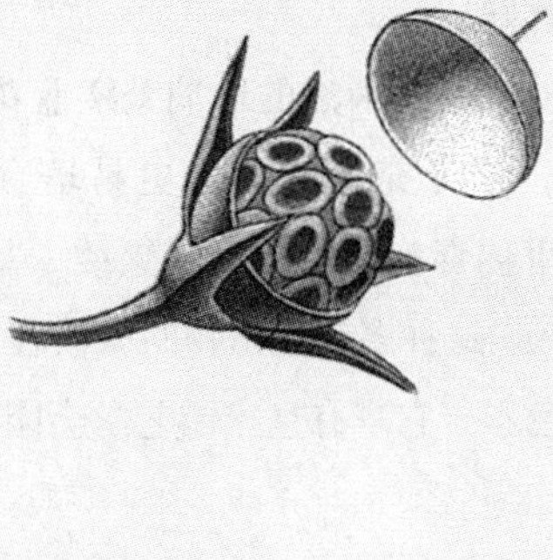

琉璃繁缕的花朵有时是橘红色，有时则是朱红色、粉红色、白色，甚至是纯粹的亮蓝色，花瓣时圆时尖。关于这种美丽的小花究竟属于哪一科，多年来植物学家们一直争论不断，问题还涉及它是否应拥有自己的属名：究竟是琉璃繁缕属（*Anagallis*），还是只能算珍珠菜属（*Lysimachia*）的一种。

琉璃繁缕的开花状态与气候、时间关系很大，花朵会在天气阴沉时或在下午3点左右合上。它也因此被冠以许多气象主题的别名，如“穷人的风向标”“牧羊人的晴雨表”“牧羊人的日冕”。以乡村人的经验来说，花朵提前闭合就是坏天气来临的预告。

琉璃繁缕的变身技能甚至拓展到它的生长习性。它是一个坚韧的小家伙，一年四季都能生长并自行调整适应。作为“冬季野草”之一，它能够在寒冷的月份里从容成长，待到大地回春之时就已占尽先机。冬日里，它的植株致密厚实，而到了夏天它又四处伸展蔓延。

如今，从英国等温带地区，到地中海地带和更凉爽的高海拔环境，在世界各地都能找到琉璃繁缕。同许多野草一样，它非常享受园艺和耕作所带来的土壤物理干扰。但它是如此之小，所以几乎不会给我们造成什么麻烦，仅仅是优雅地点缀在其他植物的脚边。如果它已悄悄溜进你家的莴苣地，只要确保没有异样的枝叶蒙混上了餐桌就好！

野外有一些天然的琉璃繁缕蓝花变种分布，但在凉爽的温带国家比较罕见。研究表明，阳光充足的环境更易培育出蓝色的花，因此蓝花在地中海地区更为常见。如果你喜欢蓝色的琉璃繁缕，却遍寻无门，那就试试蓝花琉璃繁缕（*Anagallis monellii*）。这种多年生植物略微粗壮一些，花朵更大，能连续开放数月，展现出绝美的纯蓝色彩。它享有皇家园艺学会园艺优秀奖的殊荣，并有多个栽培品种可供选择。

当谈及琉璃繁缕的食用和药用价值时，这种植物多变的本性会再次显现。有人说它有毒，但毒性不强；也有人说它可以食用，却并不可口。人们历来认为它具有多种药用功效，但似乎没有一种能经得起现代科学的严格验证。但有一点是肯定的，那就是它偶尔会在部分人身上引发接触性皮炎，所以如果你皮肤敏感，记得在亲近这种植物时戴上手套。但既然这个世界上有如此多已被证明安全的食用或药用野草，何不就让我们好好欣赏琉璃繁缕绽放时呈献的视觉盛宴呢？毕竟，这是最稳妥的选择。

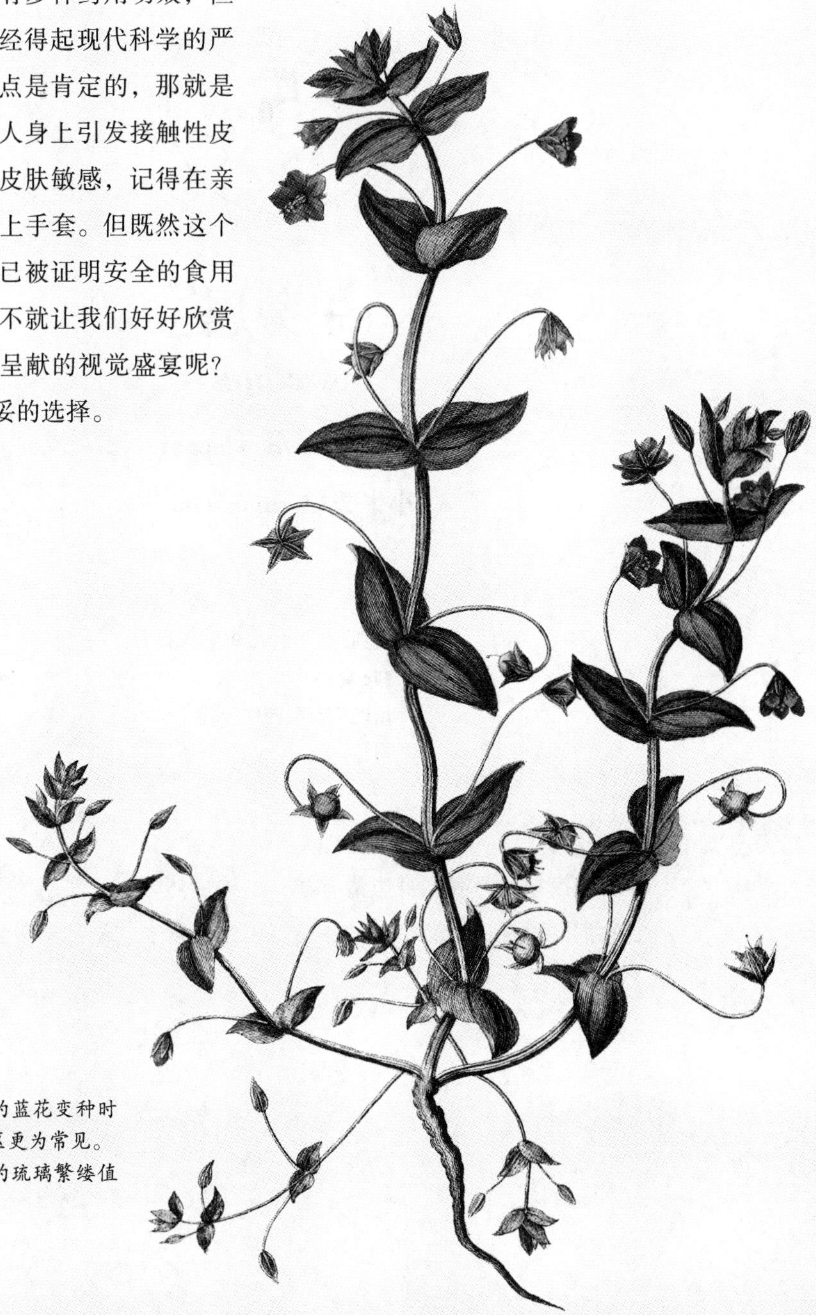

对页图 琉璃繁缕的蓝花变种时有出现，在炎热地区更为常见。
右图 秀丽、精致的琉璃繁缕值得细细观赏。

5

牛蒡属

Arctium

牛蒡（*Arctium lappa*）

小牛蒡（*Arctium minus*）

类别: 二年生/多年生草本

科: 菊科

用途: 食用、药用

毒性: 无

牛蒡属植物是我们身边最有趣、结构最巧妙、最实用的野生植物之一。它们既可食用，又是玩具，还可用作药物；它们甚至激发了人类最著名的仿生学发明——魔术贴。

前页图 牛蒡属植物的外观引人注目，生命力旺盛，特征显著。
上图 同它的菊科亲戚一样，牛蒡的花也具有“复合”结构，由许多单独的花朵组成。

牛蒡属植物球形瘦果的表面长满了向上的小钩子，因此无论动物或人以何种角度与植株擦身而过，这种巧妙的设计都能让果实轻而易举地沾上过路者。它们的附着能力极强，甚至可以钩住指尖上的皮肤纹路。

牛蒡果实上弯曲的钩子可以牢牢沾上狗的皮毛，这一特征引起了瑞士发明家乔治·德梅斯特拉尔的注意，灵感由此迸发。1955年，他申请了维克牢魔术贴的专利。说来也奇怪，直到美国国家航空航天局（NASA）获悉并将其应用于航天飞船中失重状态下的物品固定，魔术贴才成为大热门。一夜之间，这个以植物为灵感的发明红遍世界，甚至出现在高级时装上。后来的故事就众所周知了。

话题从太空回到地球，牛蒡的果实还是每一代孩子钟爱的游戏道具，如果把它掷向同伴，它就像原拉拉藤的茎一样（见第74页），会牢牢沾在衣服或头发上，想要摆脱还得费一番工夫。

小牛蒡的高度可以长到50～150厘米，而牛蒡可以达到1.8米以上，它的叶子是英国野外常见植物中最大的，边缘呈波浪状，质地轻柔，还有点松软。如果你在野外散步时突遇内急的尴尬，牛蒡叶是超棒的天然厕纸！

这两个物种在树林、路边和荒地中都很常见。牛蒡为史前归化植物，在很久以前被人类带到各地，但数百年前才开始在英国和其他非原生地区的野外出现。而小牛蒡的原产地通常被认定为包括不列颠群岛在内的欧洲大部分地区。

牛蒡属植物看起来酷似小型的菜蓟或蓟，鲜艳的粉色和紫色花朵透露了其菊科家族的身份线索。花朵在7月到9月间盛开，深受蜂类和蝴蝶的喜爱。

虽然牛蒡几乎整株都可食用，但它粗壮的根才是最美味的部分。秋天或春天是牛蒡收获的季节，其食用方法多种多样，可以烘烤、烹煮甚至生吃，切成薄片与胡萝卜和葱一起可做成具有东南亚风味的沙拉。在日本，牛蒡的根被称为gobou，是远东地区重要的烹饪原料，被作为食用作物广泛种植。在不列颠群岛，蒲公英和牛蒡是一种传统饮品的主要原料，可以用这两种植物的根，再加入一些带有甜味的糖蜜发酵制作而成。

牛蒡有许多药用特性，主要应用于治疗消化系统问题和皮肤疾病，种子在传统中医学领域用途广泛。牛蒡根含有大量被称为菊粉的碳水化合物，有益于肠道菌群，还有助于稳定血糖水平。

牛蒡属植物的英文俗名burdock的来源始终成谜。有人说它源于法语中的黄油（beurre），因为它们的叶子大且强韧，同时无毒，非常适合用来包裹黄油。随着越来越多的人对一次性食品保鲜膜说不，这种用途可能会重新流行起来。还有人说它来自bourre，意为“填充物”，指带毛刺的瘦果几乎总能钩到羊毛或织物上，抑或只是形容它们球状的毛刺果实和形似酸模属植物的茂盛叶片。无论它们的名字意义如何，这类神奇的植物都向我们充分展示了某些“野草”亦可大有作为。

6

北艾

Artemisia vulgaris

类别： 多年生草本

科： 菊科

用途： 食用、药用

毒性： 无

你可别被北艾的外表所蒙蔽。尽管它貌不惊人，名字听起来也平平无奇，但它却是一种古老而强大的草本植物，在世界各地的文化中都受到尊崇。它的用途极其广泛——上至激发大脑产生逼真的梦境，下到为汤和炖菜增添舌尖滋味。

北艾在英国和欧洲的应用可以追溯到几千年前。据说，罗马士兵把它垫在鞋中以预防行军疲劳。它也是盎格鲁-撒克逊人的九大圣草之一*。在中世纪，北艾被用于啤酒调味，因此它的英文俗名mugwort中包含了wort（麦芽汁）一词。人们还相信它可以保护旅行者远离险境，因为连野兽和妖魔鬼怪都怕它三分！

北艾的属名*Artemisia*（蒿属）来自希腊神话中掌管狩猎、自然和生育的女神阿耳忒弥斯（Artemis）。北艾有恢复月经周期的作用，在过去曾被当作一种民间的节育土法，因此谨记切勿在孕期或哺乳期服用。蒿属家族人才辈出：其中包括中亚苦蒿（*Artemisia absinthium*），它是苦艾酒的主要成分之一；著名的草药龙蒿（*Artemisia dracunculus*）则是另一种蒿属植物。

北艾历来被当作烟草的替代品用以吸食，这种习俗到今天仍然存在。如今，北艾作为“助梦”草本植物的名声不胫而走，其功效在于增强梦境的生动程度和可回忆性。它的其他用途还包括驱除寄生虫、缓解压力和抑郁、帮助改善消化。

遗憾的是，北艾多才多艺的能力和超凡脱俗的气质并不能弥补它外表的平庸。它的形象乏善可陈，不喜欢抛头露面，可一旦你认出它，就会发现它无处不在。它是一种直立状的多年生草本植物，高60～180厘米，叶片正面为深绿色，背面是明亮的银白色，边缘参差不齐，仿佛整株植物被乱剪过一通。在风的吹拂下，植株仿佛会微微发亮。夏天，许许多多灰绿色的钟形小花覆盖在植株上。北艾喜欢阳光充足、干燥的环境，比如道路、小径和荒地。它个头长得越高，说明土壤越肥沃。

你也可以把北艾请入厨房。它的叶子和花带有一种浓郁的芬芳，类似迷迭香和鼠尾草混合的气味。花的味道最为香浓。新鲜或是干燥的北艾都可以入菜，试着把它加入以番茄为基底的意大利面或汤中，也可以用在像鹅肉这样肥美的荤菜中，它轻微的苦味有助于中和肉类油腻的口感。

---

* 即盎格鲁-撒克逊人认为可以治疗疾病、驱散邪魔的九种植物，分别是洋甘菊、异株荨麻、茴香、欧洲野苹果、北艾、大车前、豆瓣菜、蜡叶峨参、药水苏（或为稗）。——译注

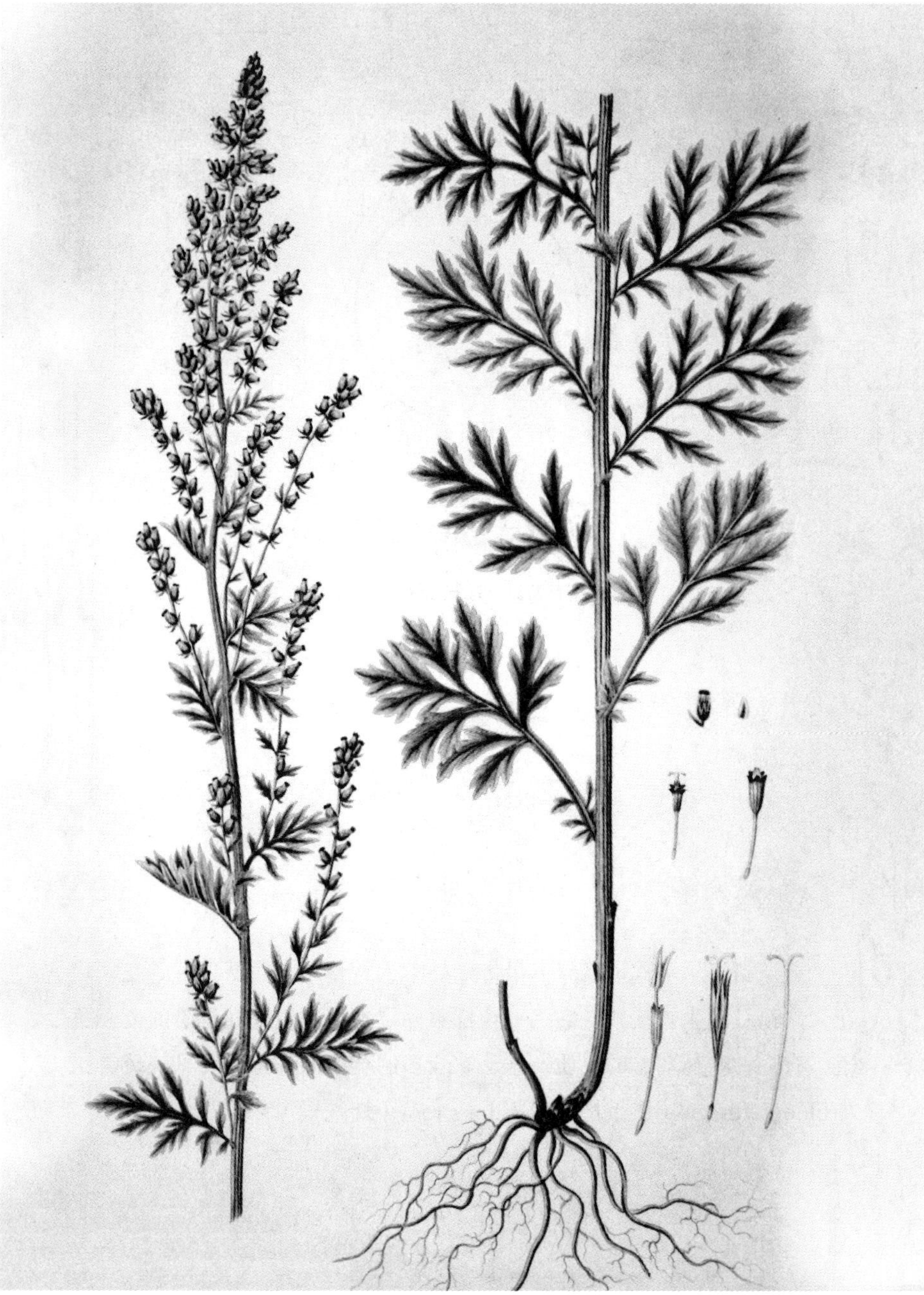

对页图 北艾的小花呈钟形，外形虽算不上美丽，用途却五花八门。

上图 尽管北艾缺乏传统意义上的魅力，但它确实与众不同。

7

斑点疆南星

Arum maculatum

类别：多年生草本
科：天南星科
用途：观赏
毒性：有

斑点疆南星堪称最怪异、最奇妙的本土野草之一。从独特的兜帽状花朵到错乱的生长模式，它的一切都不同寻常。它蜷缩在黑暗的废弃角落，有一种略显邪恶的气质，这从它众多的英语旧称中便可见一斑，比如bloody fingers（血手指）和adder's root（蝰蛇根）。

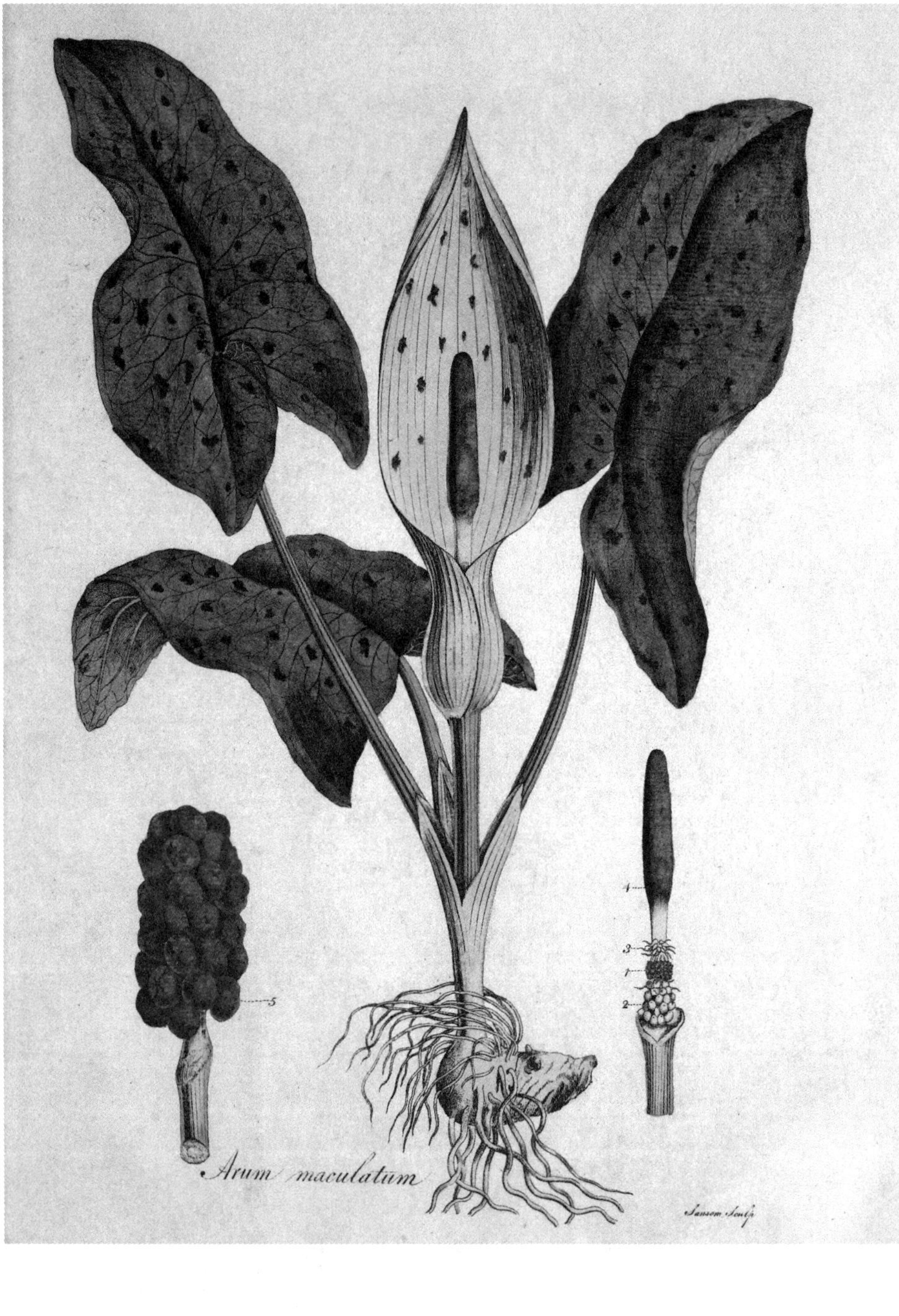

前页图　斑点疆南星光滑的叶子和奇异的花形赋予它仿佛来自热带的气质。

上图　不要被斑点疆南星的浆果所诱惑——它们不仅有毒，且具有刺激性。

斑点疆南星的别名之一“小傻瓜”（cuckoo pint）可能是英国最常见的野生植物俗名——超过100种有记录的植物共享这个名字（还不包括欧洲其他国家语言中不计其数的俗名）——拥有这个名字的植物如果不是得到了我们祖先的垂爱，就必定是太过引人注目。斑点疆南星的确在众多方面都相当特立独行。

斑点疆南星的花很有辨识度，你一眼就可以看出它来自天南星科。它是英国和欧洲大陆地区为数不多属于热带植物的本土物种之一，其他的还包括许多室内植物，如龟背竹、花烛属植物以及白鹤芋。它的叶子带有蜡质光泽，成簇生长，高度可达30～50厘米，有些点缀着独特的深紫色斑点，散发出一种与其耐寒品质毫不相称的异域风情。更奇怪的是，它会在冬天和春天生长，到了夏天则完全销声匿迹。

斑点疆南星是典型的天南星科植物，它的花是一个大大的绿色佛焰苞*，高度达25厘米，包围着一根柱状肉穗花序。这一画面怎么看都有点粗俗，也就难怪人们送它一堆古怪又老土的俗名，例如光屁股男孩、狗挖洞、公母牛等等。斑点疆南星会散发出一种轻微的臭气，以吸引传粉者，其中主要是一种轻如羽毛的小飞虫，名叫蛾蚋。它们会飞进花的内部，穿过一圈噩梦般、外形酷似小型八爪鱼的刚毛，被诱骗到达花的底部，在那里，它们会将之前沾上的花粉转移到等待授粉的雌花上。

一旦雌花受精，刚毛和佛焰苞就开始枯萎，所有一切迅速凋落，只剩下叶子。最后会在光滑的茎顶形成一串猩红色的果子，有点像是巨大又细长的树莓。看似美味的浆果闪闪发亮，逐渐成熟，从绿色到橙色，最终变成鲜红色。千万不要被它的美貌所诱惑：它的味道其实非常恶心，而且对人体有剧毒。奇怪的是，鸟类好像无惧这种毒性，一些鸟儿似乎还对这种色彩鲜艳的野生大餐甘之如饴。

斑点疆南星全株有毒。如若你是喜欢寻觅野菜的人，学会辨认这种植物大有裨益，因为它常和鸦蒜生长在一起。你可以通过观察叶子加以区分：疆南星属植物的叶片顶端与叶柄连接处看起来像是心形的上半部分，此外它的叶脉呈分叉状。如果还是无法确定，就撕下一片叶子闻一闻——你马上就能知道它是不是鸦蒜。

如果你喜欢斑点疆南星的奇特外观，又希望其更富园艺美感，那不妨试试意大利疆南星（*Arum italicum*）。它拥有迷人的光泽和带大理石纹理的叶子，是冬春季的一道靓丽风景，其中名为“大理石”（Marmoratum）的品种还曾荣膺皇家园艺学会的园艺优秀奖。

---

* 指天南星科植物花序外围的总苞片，因其形似庙里面供奉佛祖的烛台而得名。——译注

8

雏菊

Bellis perennis

类别: 多年生草本	
科: 菊科	
用途: 食用、药用、观赏	
毒性: 无	

没有任何一种植物会像雏菊那样，让人一看到它就联想起慵懒和煦的阳光。它率真、简单、快乐，是最有名、最常见的野花之一。雏菊花几乎全年盛开，特别是当万物复苏时，草坪和路边小草地上满是它为春天铺就的花毯，这番美景人见人爱。

植物的拉丁学名或许常令人感觉晦涩，但雏菊却是个幸运儿。它的属名*Bellis*（雏菊属）的意思是“美丽”，种加词*perennis*则指代它多年生的习性。雏菊是菊科的一员，而菊科是一个庞大的植物家族，涵盖超过32 000个物种，其中既有向日葵和松果菊等园艺花卉，也有蒲公英、蓟和疆千里光等许多野草。

雏菊的叶子为淡绿色，匙形，整体外观呈不规则的丛状，通常生长在草坪上，但有时也会出现在小径、花境和野草丛中。在不受割草机或踩踏压力影响的条件下，它可以长到8厘米高；不然的话，它就会紧贴地面，高度只有3厘米。它既不惧践踏，也能耐受板结的土质。雏菊花朵为白色，中心却是黄色，花瓣背面常见漂亮的粉红色斑点。中世纪诗人杰弗雷·乔叟曾将雏菊比作“白昼之眼”，形容其花朵黎明开放、黄昏闭合的习性。

若仔细观察，你会发现雏菊花其实并非单朵，而是由数百朵小花组成，因此菊科还有另一个拉丁名Compositae，意为“复合的”，正是得名于整个头状花序。中间每一个黄色小圆粒都是一朵独立的花，或称为管状花。边缘那些有花瓣的，被称为舌状花。雏菊平坦开放的花朵是各种传粉昆虫的完美降落场。此外，它花量丰盈，悠长的花期几乎绵延一整年，尤其对于蜂类和食蚜蝇（它们的幼虫喜欢捕食蚜虫，是园丁的重要盟友）来说，是它们获取花蜜和花粉的宝贵来源。

对人类而言，无论是在厨房里还是在自家做的偏方中，雏菊都有用武之地。用其叶子制成的药膏可以涂抹在青瘀和伤口上；文火炖煮的雏菊花具有缓解咳嗽和其他呼吸系统疾病的功效。你也可以直接食用：尝试一下把嫩叶或花朵加入沙拉中。

只要配上漂亮的花盆，摆放在露台的桌上，即便是普通的野生雏菊，近距离观赏起来同样令人惊艳。重瓣雏菊耐寒且易于种植，长期以来一直是冬春季花坛中的明星。一些靓丽的栽培品种花色丰富，如“洛米内特”（Rominette）系列，花朵有红色、粉色和白色。不过，就如所有重瓣花一样，其花粉和花蜜产量比野生单瓣品种少得多，因此它对野生动物的价值较低。

如果你钟爱雏菊，但又追求一种更为精致的感觉，那不妨试试加勒比飞蓬（*Erigeron karvinskianus*）。它的开花能力超乎你的想象，非常适合在墙角边、小径旁和花境里种植。美丽的白色和粉红色花朵神似雏菊，但这种植物的造型更显优雅，对传粉昆虫也同样友好。

前页图 野雏菊为白色，花瓣尖端呈粉红色。
对页图 雏菊栽培品种的外形和颜色丰富多样。

Tom. VIII

Tab. 29.

Bellis hortensis rubra flore Tournef. 491. Bellis Hortensis Linn. Spec. Pl. 1249

Ital. Margaritina rossa doppia. Gall. La Paquerette, ou petite Marguerite

9

大叶醉鱼草

Buddleja davidii

类别：灌木	**用途**：观赏
科：玄参科	**毒性**：无

醉鱼草并非西方土生土长的植物，这点颇为令人遗憾；假如它是本土植物，我们可能会对它倍加赞赏。但与人类不同，几乎所有蝴蝶都对这种植物高度认可，它因此被冠以“蝴蝶灌木”的美名。

大叶醉鱼草来自中国喜马拉雅山脉的流石滩，这就说明了为什么它喜欢生长在铁轨渣石上，甚至能在最逼仄的楼房裂缝中找到立足之地。它是建筑废墟上的明星植物，能从裸露的混凝土缝隙中开拓出一方野生栖息地。

传粉昆虫对醉鱼草情有独钟，其中以蝴蝶最具代表性。野生动物慈善机构蝴蝶保护委员会在其关于醉鱼草的政策声明中说：“我们的花园蝴蝶调研结果显示，醉鱼草在最常见的蜜源植物榜单上始终排名第一，‘蝴蝶灌木’作为它的别称实至名归。”

有人会对外来植物表示质疑，认为它们所谓的“对野生动物友好”仅仅在于花粉和花蜜的提供，却无法在昆虫生命周期的各个阶段给予支持。然而，在一项如今看来堪称传奇的实验中，科学家针对英国花园野生动物开展了长达30年的研究。先驱科学家珍妮弗·欧文博士指出，醉鱼草是18种本土飞蛾幼虫的食物。鉴于那时醉鱼草扎根到这片土地只有大约60年的历史，这真是我们本土野生动物对醉鱼草的极大认可。欧文博士的丈夫丹尼斯也是一名科学家，他写下了这样一段话：“没有一种本土或外来植物开出的花朵能如此吸引蝴蝶和其他昆虫……这种灌木的引进很有价值，填补了空缺已久的生态位，对于英国的植物群而言是极佳的补充。”

大叶醉鱼草属于中到大型的灌木或小型多分枝乔木，株高和冠幅可达5米。它狭长的椭圆形叶片顶端渐尖，背面为白色。长圆锥形的花穗在夏末和初秋开放，有香味，色调丰富，包括白色、粉红色、淡紫色、蓝色、品红色和紫色，有些甚至会变成深红色，是蝴蝶尤为钟爱的颜色。

大叶醉鱼草的栽培品种超过200个，其中9个获得过园艺优秀奖，园艺爱好者对它的青睐可见一斑。这样一种既美丽又有益于野生动物的植物却为何背负着野草的恶名呢？这是因为醉鱼草还有其鲜为人知的一面。一棵成熟的大叶醉鱼草植株一年内可以产生300万颗种子，能迅速侵占如白垩土草地等珍贵的生物栖息地。

有趣的是，花园里的醉鱼草似乎没有那么野蛮。园丁们倾向于将凋谢的花朵修剪掉，这既延长了花期，也能防止自播。醉鱼草很享受修剪：每年冬天的重剪可以使植株更为矮小紧凑。人们认为它的种子要在开花后的翌年春天才会成熟，所以理论上冬季修剪也能抑制植物入侵扩张。

下图 醉鱼草有着诱人的硕大花朵和怡人的芳香，它模糊了园艺植物与野草之间的界限。

10

旋花

Calystegia sepium

类别： 多年生草本

科： 旋花科

用途： 观赏

毒性： 大量食用时有毒

仔细观察旋花：它有着亮白色的喇叭形花朵，缠绕的茎，还有苍白粗壮的根。它很美丽，也很可怕。旋花会覆盖住其他植物，并把它们拖到地上，活像科幻电影里的怪物——或者起码是某种来自热带的奇花异草。

尽管旋花貌似妖娆的异域来客，但实为耐寒的欧洲原住民。它的根系看似苍白、脆弱，实际上却孔武有力，能深入地下3米；单株植物寿命可达50年，并能在树上和栅栏上攀爬长达数米。它的茎会从四面八方钻出，形成庞大的植物群。更令人匪夷所思的是，它一到冬天就不见踪影，彻底躲入了地下。

旋花的茎逆时针盘绕，绿色的叶子呈心形。它在水平方向上快速蔓延伸展，将叶子铺成一片，直到它找到向上攀爬的依靠。然后它便开始大展身手，满心欢喜地用美丽的纯白色花朵装扮每一处栅栏与荒地。

田旋花（*Convolvulus arvensis*）是一种体型较小的植物，糖果粉色的花朵芳香扑鼻。它的美丽掩盖了其邪恶的天性：它是能导致其他植物窒息的无情杀手。在一些地方，人们叫它“魔鬼的肠子”或“玉米藤”。卷茎蓼（*Fallopia convolvulus*）外表看起来与其很相似，但实际上毫不相干，通过观察花朵很容易辨识出它属于蓼科。

你也许能在园艺中心里找到一位旋花的表亲，但它更为乖巧，名叫银旋花（*Convolvulus cneorum*）。这是一种漂亮的小灌木，有着明亮的银色叶子和标准的旋花花型。和它们一样同属旋花科（Convolvulaceae）的其他成员还包括牵牛和番薯。

要让旋花老老实实地受控实属不易。必须挖得深而彻底，销毁它所有的根。但可恶的是旋花的根在被铲除时很容易折断，而它仅凭这小小的碎根就能破土重生。作为对它的报复，你可以废物利用，将它和其他枯枝败叶一起浸泡在水桶里，这样就能真正击败它。死亡并分解后的旋花可作为液体植物肥。

另一种办法是在春季到秋季间勤加观察，一看到顶芽萌生就揪掉。这能最终削弱植株的力量。千万不要把这些叶片加入堆肥，因为即便再微小的碎片也能重新生长。

有一些园丁已学会欣赏旋花放肆的美。沃尔瑟姆庄园位于伯克郡，是一座令人愉悦又启迪身心的花园。当那里的花境需要翻新时，园主斯特里利·奥本海默坚持将旋花保留了下来，甚至还为它建造了可供攀爬的棚屋。

前页图 旋花美丽的喇叭形花朵表明了它与牵牛（虎掌藤属，*Ipomoea*）来自同一科。
上图 田旋花精致的外观和芳香的花朵掩盖了其野草本性。

11

粗毛碎米荠

Cardamine hirsuta

类别: 一年生草本

科: 十字花科

用途: 食用

毒性: 无

粗毛碎米荠是一种可食用植物，个头虽小，味道却很好。这种野草的生长速度相当惊人，称得上来去匆匆。它形似迷你的豆瓣菜，经常出现在园艺中心售卖植物的花盆里，搭顺风车进入各家各户的花园。它的种荚爆开时可以把种子喷射到近1米高的空中。这绝不是一个没有目的、四处徘徊的家伙。

前页图 这种野草的叶子有一种辛辣的味道。

左图 它的近亲弯曲碎米荠（*Cardamine flexuosa*）是另一种可食用野草。

粗毛碎米荠所有的叶和茎都出自一个中心点，长成直径约10厘米的莲座丛*。它拥有复叶结构，小叶近圆形；植株一般可长到10厘米高，开花时最高可达20厘米。

粗毛碎米荠与豆瓣菜（*Nasturtium officinale*）在外观和味道上的相似性并非巧合。这两种植物都属于十字花科（Brassicaceae），该科还包括其他一些辛辣但美味的植物，如芥菜、家独行菜、山葵、辣根和薄叶二行芥。它的小白花具有明显特征，仔细看，你会发现它有四片花瓣。早期的植物学家觉得它形似十字架，"十字花科"的名称由此而来。再看看桂竹香、南庭芥或欧洲油菜，它们都拥有这种独特的四瓣花。

粗毛碎米荠的名字听起来有点恶心，要是一口气吃下一整把也确实会令人感到不适。然而，就像它的近亲芝麻菜和芥菜一样，当与生菜等素净的叶菜组合在一起时，它的甜味和辣味就会大放光彩。如果想让你的野草沙拉"野"得更加极致，可以加入一些早春时采摘的繁缕和羊角芹新芽。在10月到次年5月这凉爽的大半年里，都能收获到粗毛碎米荠最鲜嫩美味的叶子。

和其他味道浓烈但有益健康的叶菜一样，如果在粗毛碎米荠做成的沙拉中加入一些甜味——比如蜂蜜或枫糖浆，再加上少许带有酸味的柠檬汁或苹果醋，便会产生神奇的效果。如果觉得味道太冲，可以作为配菜，就当是野菜版的芥菜。这股强烈、具有冲击力的味道出自一种叫作硫代葡萄糖苷的化合物；研究表明，这种化合物具有抗癌和消炎的特性。粗毛碎米荠的叶子还富含维生素C及矿物质。

在花园、菜园、田地及其他土壤经常受到干扰的地方，一年四季都可以找到粗毛碎米荠。它偶尔也会长在墙缝里。人们有时会把它和弯曲碎米荠搞混，后者实际上是一种放大版的粗毛碎米荠，食用方法相同。这些滋味浓郁的野生蔬菜为现代人的餐桌增添了多样性。也可以这么说：面对某些种类的杂草，如果你无法打败它，不如就吃了它。说不定，你还会爱上它的味道。

---

* 部分植物在茎的营养生长阶段受到抑制，导致紧密的叶片轮生，称为莲座丛。——译注

12

藜

Chenopodium album

类别: 一年生草本	
科: 苋科	
用途: 食用、药用	
毒性: 无	

藜是世界上分布范围最广的野草之一，除南极洲以外，所有大陆上都能见到它的身影。但它真的是一种野草吗？这就要看你问的是谁了。

藜可称作我们本土版的藜麦。与藜麦、菠菜和甜菜一样，它也是苋科的一种，该科包括许多可食用或有利用价值的植物。它的属名*Chenopodium*（藜属）来自希腊语，意为“鹅和脚”，描述的是它叶子的形状；种加词*album*指的是其新叶自带一种独特的银灰色，这种特点在幼苗上尤其明显。

与许多野草一样，藜对环境的适应能力非常强，这种特点在植物学中被称为表型可塑性。在贫瘠干燥的土壤中，它会推迟发芽，株高也只有几厘米，生命周期会在短短几周内结束。而当生长条件良好时，种子便较早发芽，植株能蹿升到1.2米甚至更高，叶子肥厚柔软，形成郁郁葱葱的绿色冠层。单朵花很小，沿茎的中心排列，形成明显的圆锥状花序。由花朵在短时间内成熟而形成的灰白色圆块团状物，就是它的果实。

细看会发现，每个果实都是一颗绿色的五瓣小星星，每一瓣都包含一粒种子。它们虽小，却可食用，而且营养丰富。在印度的部分地区，人们把藜称为bathua，并把它当成农作物种植，它的叶子可像菠菜一样食用，种子可用来做面包和米饭。

可悲的是，在其他地方，这种植物已几近被遗忘，只有鸟类还懂得它的好处。藜的适应力尤为出众，这使它成为现代农业中数量最庞大的野草之一，是野生鸟类重要的食物来源。藜的英文俗名为fat hen（肥母鸡），顾名思义，同为鸟类的家禽也喜欢藜。它的叶子是铁、蛋白质和钙等营养物质的来源。如果你想亲身尝试一下，可以像煮菠菜一样把它的茎尖和嫩叶煮熟，放在盖了水波蛋的烤面包片上，也可将其作为配菜。

藜是喜肥的植物。它喜欢养分充足的生长环境，是粪肥堆周围常见的野草。它可以作为简易的土壤肥力指示器：高大茂盛的植株意味着土壤肥沃，而如果你菜地里生长的藜又小又瘦，是时候该给土地施肥了。

控制藜的最好方法是把它吃掉，但如果它生长在粪肥堆周围，那就最好别吃，因为其内部积累的硝酸盐可能会危害健康。你也可以把小苗锄掉，将长得更大的植株连根拔除。还没结出种子的藜可以加入堆肥中。但要当心，其种子的寿命长到令人难以置信：甚至还有从距今1 700年之久的考古遗址中发现的藜的种子，成功发了芽！

前页图　藜的种子很有营养，亚洲部分地区有食用它的习惯。
对页图　尽管根系很小，但这些植物生长迅速，植株可以长得相当大。

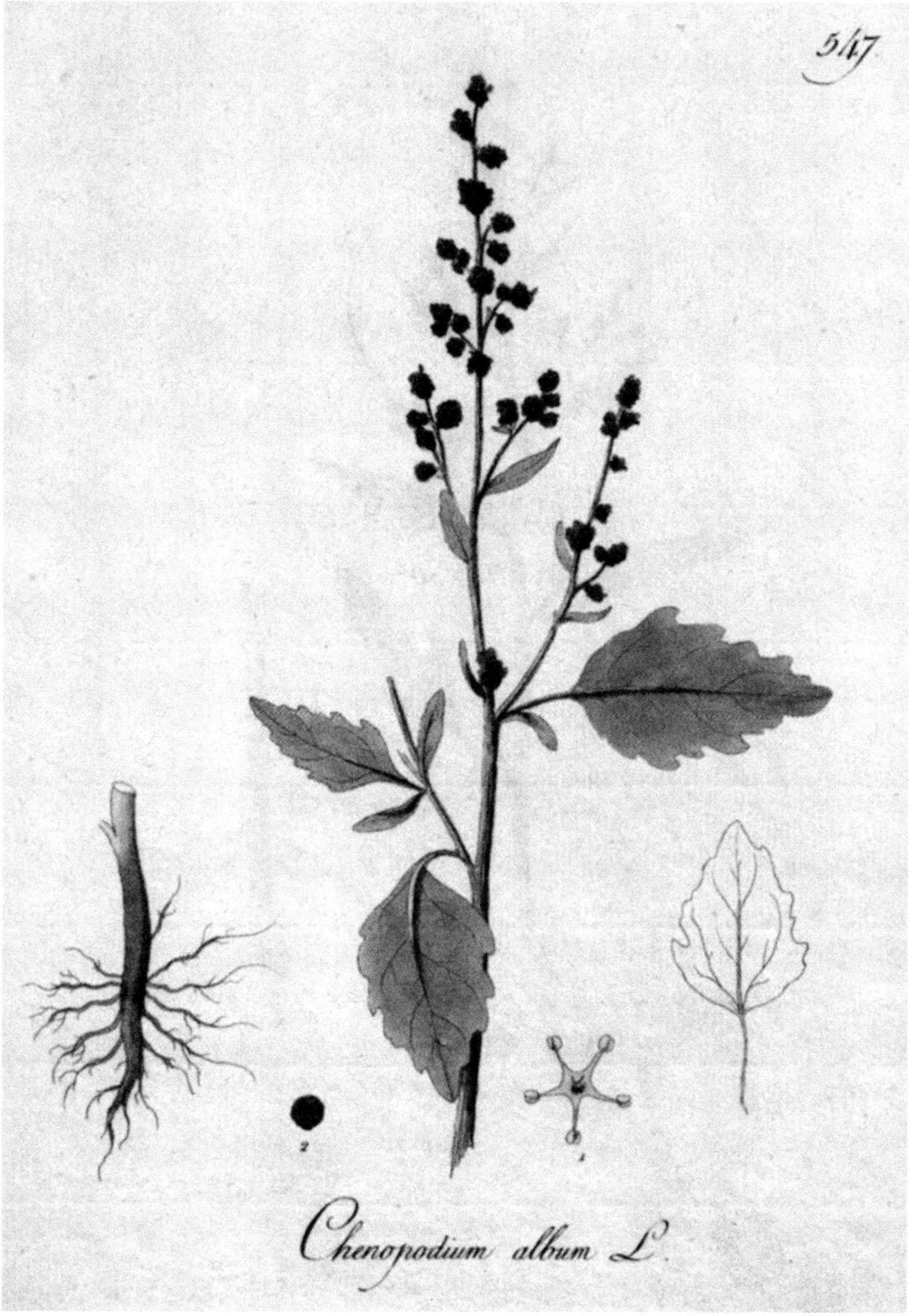
547
2
1
Chenopodium album L.

13

蓟属；苦苣菜属

Cirsium; Sonchus

类别： 多年生/二年生/一年生草本

科： 菊科

用途： 食用、药用、观赏

毒性： 无

在你眼里，蓟类植物或许是多刺的怪物，对人或动物没有半点助益。但你错了，有些蓟也可食用，例如它的近亲刺苞菜蓟和菜蓟，还有许多是蜂类、鸟类和蝴蝶的重要食物来源。

蓟类植物近些年来名声不佳。英国于1959年通过并仍在实施的《野草法案》中，列出的5种野草里有2种是蓟：丝路蓟（*Cirsium arvense*）和翼蓟（*Cirsium vulgare*），在北美它们分别叫作加拿大蓟和公牛蓟。这两种对野生动物友好的本土植物从此浪迹天涯，正式沦落为名副其实的“植物流浪汉”。

值得思考的是，在《野草法案》立法通过的年代，人们在更大程度上把农业生产视为对自然的宣战，为了赢得这场战争，人类投入了更多的机械和化学品。蓟在传统的干草地上并不是什么大问题，但当它处在第二次世界大战后更为普遍的高强度放牧系统中时，情况就不同了。如今，超过97%的干草地消失了，大量野生动物也随之消亡。盘点付出的代价，正如我们今天所意识到的，与自然合作通常要好过与之对抗。这些“野草”的存在自有其原因，它们总能教给我们一些事情。蓟可以通过自然方式疏松板结的土壤，还能在过度放牧的草场中为传粉昆虫提供花蜜。

野生蓟类大多可分为两个属：开紫花的蓟属（如丝路蓟、沼泽蓟和翼蓟）和开黄花的苦苣菜属。它们的叶子都是深绿色的，无瓣花上刺的数量不尽相同。高度因品种和生长条件而异，从20～150厘米不等。

野生蓟是菊科家族的成员（见第36页雏菊），拥有的头状花序能生产大量花蜜，易为传粉昆虫获取。事实上，根据一项研究，以单位面积年产出花蜜的千克数计算，沼泽蓟（*Cirsium palustre*）是最受传粉昆虫欢迎的五大最佳蜜源植物之一；它和帚石南、白车轴草一起贡献了英国一半的花蜜供给。像红额金翅雀和赤胸朱顶雀这类的鸟儿很喜欢蓟的种子，有时它们会用蓟绒（一种像降落伞一样的纤细冠毛，包裹着蓟的种子，帮助其散播）来装饰它们的巢。

在所有的苦苣菜中，俗名就叫作“苦苣菜”（*Sonchus oleraceus*）的物种最具利用价值。这是一种在冬季和早春深受人们喜爱的绿叶蔬菜，在意大利尤其受欢迎。它的嫩芽可拌在沙拉中食用，或用橄榄油和柠檬汁烹制。它富含维生素C、β胡萝卜素和蛋白质，还有维生素A和钙。它的刺很少，嫩叶则完全无刺，又被形象地称作“光滑苦苣菜”。如果你自己不爱吃，也可用作鸡、兔子或猪的优质饲料，它也因此得名“母猪蓟”。

翼蓟是苏格兰的象征，也是最美丽的野生植物之一。在花园里，它的近亲河岸蓟（*Cirsium rivulare*）的栽培品种“紫红蓟”（Atropurpureum）深受园丁的喜爱，在各大花卉展上，经常能看到这种紫红色的品种。

小红蛱蝶也许是蓟类植物数量最庞大的粉丝。它们的迁徙路径长达24 000千米，从非洲一直延伸到北极圈。

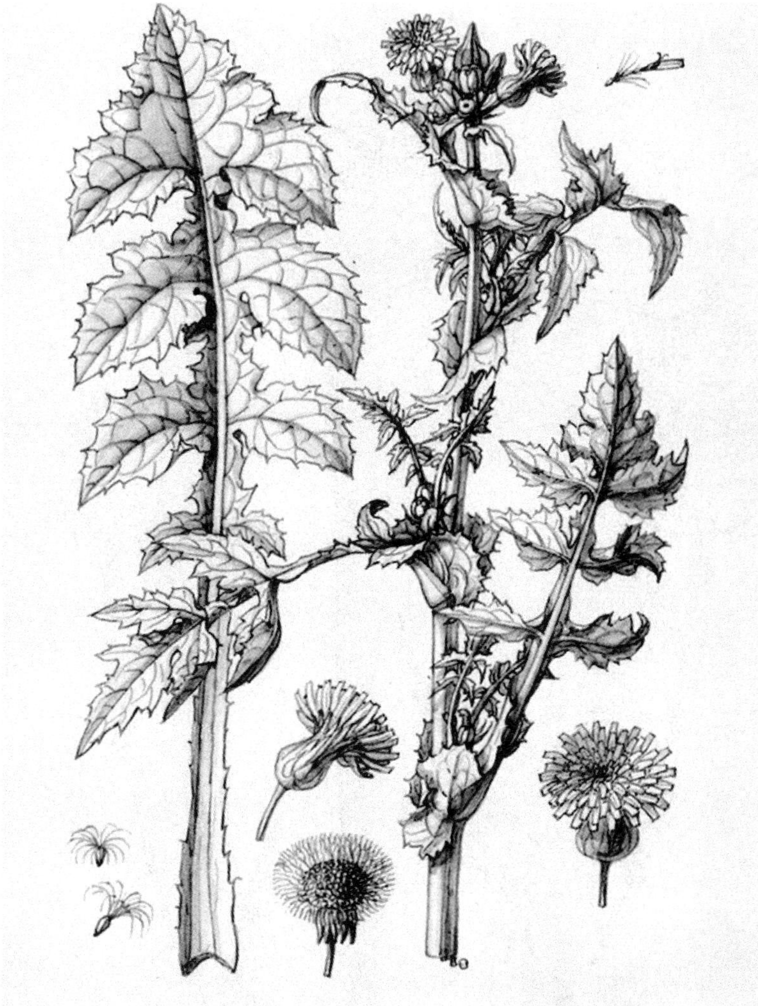

前页图 开紫花的蓟属植物能提供丰富的花蜜，对蝴蝶大有裨益。
上图 开黄花的苦苣菜属植物刺要少得多。

在英国萨塞克斯郡奈颇城堡，野生动植物研究先驱性项目的创始人发现，在这段令人难以置信的旅程中，小红蛱蝶会到访位于欧洲的花园，其毛虫可以大幅减少丝路蓟的数量。正当这种多刺的野草在他们的土地上横行时，蝴蝶的涌入可谓力挽狂澜。这对全世界立志打造有机花园的人们而言具有重大意义，它告诉我们：不要害怕，请相信大自然一定会找到平衡。

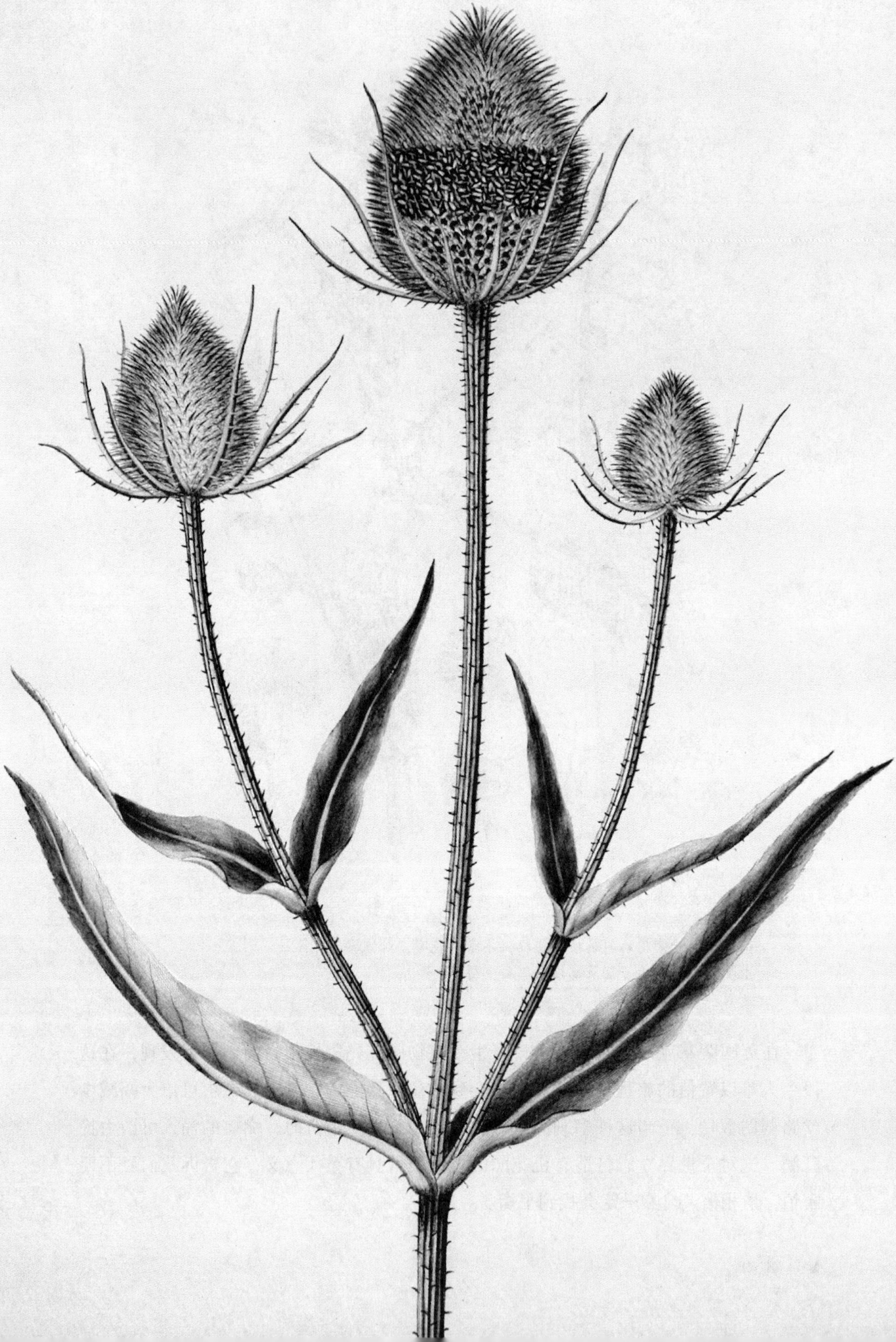

14

川续断属

Dipsacus

起绒草（*Dipsacus fullonum*）

拉毛果（*Dipsacus sativus*）

类别:	二年生草本
科:	忍冬科
用途:	观赏
毒性:	无

它们挺拔，优雅，与众不同。川续断属植物的外形和颜色千变万化，是我们身边最具特色的野生植物之一，理应被更广泛地种植。“结构感植物”一词有被滥用之嫌，但用来形容川续断属植物绝对恰如其分。

这类二年生草本植物非常高大，颇具哥特气质，仿佛从蒂姆·伯顿的电影片场走出来的一样。它们的每个部分都具有雕塑般的质感，并且从头到脚装盔披甲，甚至连淡绿色细长叶子的表面也布满了刺。茎生叶对生、无叶柄，基部紧贴主茎，能收集雨水。一直以来，这种水有各种妙用，据说还有返老还童的"神力"。

川续断属植物造型多样，它们的形状和花色随季节变换。在第一年，它们呈扁平莲座丛状，只有几厘米高；到了第二年晚春开始迅速生长，形成如大型直立枝状烛台一般的花序，高可达2米。修长优雅的苞片围绕着带刺的花朵，起初在夏天呈现出绿色，后来逐渐从金色变为棕色，到冬末几乎成了黑色。它们在霜满天的隆冬中显得格外有气势。

它们的花蕾在萌发时是绿色的，含苞待放时呈粉红色，盛放时又变成蓝紫色。也许是为了将古怪进行到底，它们的开花方式也颇为怪异：从水平的中间位置开始，然后推进到花的两端，像在中间点燃的焰火。每个花序包含了几千朵独立的小花，这也解释了川续断属植物何以在野生动物中备受喜爱。它们不仅是蜂类的最爱，当种子成熟时，鸟类也会蜂拥而至，特别是红额金翅雀。你可以试着在花园里种一些川续断属植物，它们的种子可以作为鸟类食物代替商店里卖的蓟种。

起绒草是川续断属植物的俗名之一，源自它们用于布料制作的历史。它们的种荚非常适合用来轻轻梳理羊毛纤维——这一工序被称为"缩绒"，可以使织物变得更柔软、更温暖。它们的起绒性相当优异，至今仍有部分高端制造商和工匠将其用于马海毛服装的生产，以及制作台球桌和牌桌上使用的粗呢织物。

长有弯曲苞片的川续断种荚能用来制作织物。但长期以来，植物学上一直存在着一些关于拉毛果和起绒草的困惑，它们究竟是两个物种，抑或一个是另一个的变种？川续断属的拉毛果是纺织业中用到的起绒草，具有向下弯曲的尖刺；但令人费解的是，川续断属中名叫起绒草的却是另一种野生川续断，它的尖刺是笔直的，利用价值较低。

无论它们的刺是直的或弯的，川续断属植物都深受艺术家、版画家、手工艺者和一代又一代孩子们的喜爱。小朋友们往干花上粘眼睛，做出"刺猬"的造型。它们易于种植，能从容应对各种条件，在土壤潮湿和阳光充足的地方表现尤佳。作为忍冬科的一员，它与野外生长的蓝盆花和时髦的园艺植物中欧孀草（*Knautia macedonica*）都有亲缘关系。

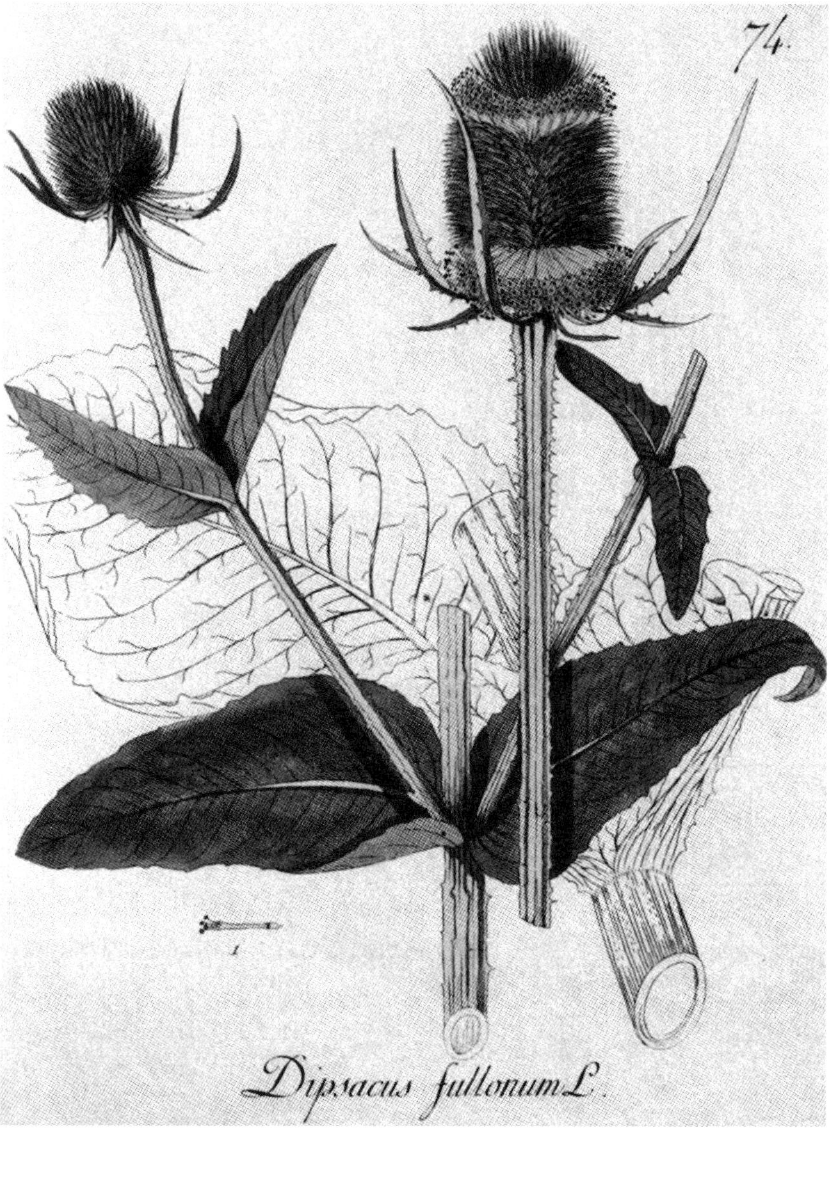

前页图 张扬而独特的川续断属植物值得在花园中拥有一席之地。
上图 川续断属植物紫色花朵的开放模式极不寻常。

15

偃麦草

Elytrigia repens

类别: 多年生草本

科: 禾本科

用途: 食用、药用

毒性: 无

偃麦草是一种很难让人心生好感的野草。它以挫败园丁的完美种植计划为乐，外表也与美丽一词毫不沾边。然而，一旦你试着了解它，就会收获不少惊喜。

左图　偃麦草的根又细又硬，难以挖出。

对页图　偃麦草的根和种子可食用。历史上，人们曾在饥荒时期用以果腹。

偃麦草是一种个头很高的草，能长到约1米，灰绿色的叶片长而薄，纤细的颖果沿着茎排成两行。它真正的可怕之处藏在地下：巨大的根缠绕在一起，密集铺开，会排挤其他植物。它的根系相当强大；尖锐的根茎甚至能刺穿其他植物的根团，并能凭借极其细小的碎根再生。

偃麦草的顽强生命力和入侵性主要来自其数量庞大的根。它的根分成两种类型：吸收营养的纤维根，以及外形厚实、用以存储能量并繁殖的根状茎。根状茎为淀粉质，略带甜味，可以磨成粉末，几个世纪以来在饥荒时被用于制作面粉。尽管可以预见短期内它不会出现在豪华餐厅的菜单上，却能在紧要关头救人一命。偃麦草的种子也可食用；虽然它颇具成为健康食品的潜质，但很难获取，而且作为食物时不如根状茎丰产。

偃麦草根是一种有效的利尿剂，有助于排出人体内多余的水分和盐分；第二次世界大战期间，英国全国草药委员会曾以此为目的收集偃麦草根。传统上，它还用于治疗肝脏、肾脏和泌尿系统问题。猫和狗为了摄取矿物质，或催吐以清理胃中的毛球时，会四下寻找偃麦草嚼食。

偃麦草的最佳用途也许在于制作液体有机肥。这些植物中积累了二氧化硅和钾等矿物质，所以与其把它挖出来扔掉，不如将这些有价值的营养元素利用起来。方法是把根泡在大的水桶里，如有必要可压上砖块保证其完全浸没在水中，然后等上一两个月。制作完成的肥水带有臭味，稀释后即可作为液体肥用于花园中。浸泡后已经死亡的根可以添加到堆肥中。

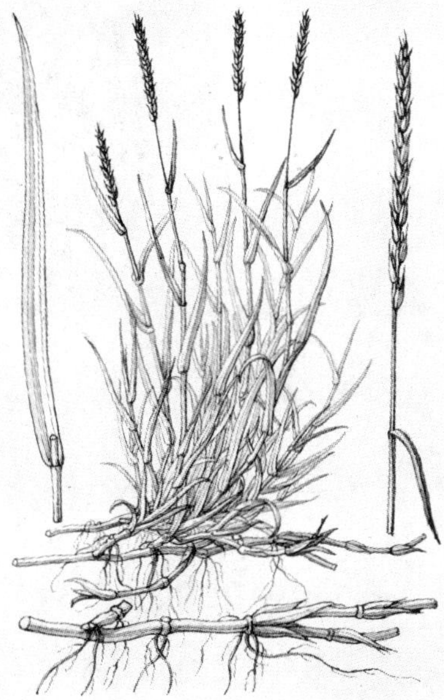

如果将偃麦草清除出花园的工作令你费心费力，何不试着用它的叶片吹吹口哨呢？选择一片宽大的叶子，用两个拇指夹住它，指关节相触，在当中留出空间，让草叶从中间穿过。双手掬成杯状放在嘴边，掌心朝外，然后用力吹气。你会听到一声惨烈而又痛快的尖叫。也许花园因偃麦草的存在而称不上完美，但也终有一番乐趣藏在其中。

16

柳兰

Chamerion angustifolium

类别： 多年生草本	
科： 柳叶菜科	
用途： 食用、观赏	
毒性： 无	

伴随着头茬黑莓的成熟，柳兰紫色花穗的涌现，我们又进入了新的季节。夏天已经来临，柳兰绽放的时候到了。

柳兰也很困惑自己究竟算不算野草，在花园中是不是受欢迎？它曾是罕见的品种，生长环境局限在石南丛、森林空地、山区和砾石坡。严峻的生长环境自然令它留给人们以不俗的印象：16世纪植物学家约翰·杰勒德赞美它“拥有华丽的花朵和坚强的美”。有资料表明，直到18世纪前，它一直被当作园艺植物栽培。

随后，工业革命爆发，世界突然发生了翻天覆地的变化。一夜之间冒出的熔炉、矿山和铁路让柳兰分外欢喜，因为它能迅速适应被人类干扰的土壤、岩石地带和火烧迹地。“火烧兰”这个别名，正是由此而来。

很快，这种一度稀有的植物变得常见。第一次世界大战带来的大规模森林砍伐进一步加速了它的传播，但第二次世界大战真正巩固了柳兰的野化特性。它有了新名字，从“火烧兰”变成了“炸弹草”，因为轰炸而产生的新空地满是碎石，那里成了柳兰的乐园。美丽的紫色花穗在满目疮痍的城市废墟中盛开。和平回归时，便很少有人愿意种植这种随处可见，又与战争苦难密切相关的植物了。

柳兰是如何迅速适应破坏性灾难的呢？关键在于它的机动性，这来自它令人惊叹甚至有点可怕的种子。每棵柳兰植株都能产生80 000粒具有超高移动能力的种子，每一粒都有漂亮的专属降落伞。哪怕再小的微风，也能让它随之飘走。在一项针对野草传播的科学实验中，工作人员把柳兰种子置于一个不通风的房间里，让它从3米的高度落到地面，结果仅耗时1分钟。不难想象，如果换作有风的环境，它们能飞多远。

柳叶状的叶子是其英文俗名rosebay willowherb（柳草）的来源，但它的家族与柳树毫无关联。它与月见草属（*Oenothera*）关系亲近，都是柳叶菜科的成员，该科还包括倒挂金钟属（*Fuchsia*）、山桃草属（*Gaura*）和仙女扇属（*Clarkia*）。它的栽培品种之一狭叶柳兰“微白”（Album）入侵性较低，在深色树篱的映衬下格外醒目。在肯特郡西辛赫斯特花园中著名的白色花园里，你能欣赏到它出众的花境效果。

柳兰洋红色的四瓣花开在高达2米的总状花序上，能产生大量花蜜，深受传粉昆虫的青睐，尤其是飞蛾。在黄昏时分观赏柳兰，你也许能见到色彩斑斓的红天蛾造访花朵的场景，目睹一些外表奇特的毛虫们啃食树叶的画面。

柳兰在英国分布广泛，此外在阿拉斯加、加拿大、欧洲乃至西伯利亚也有原生种分布。柳兰全身是宝，整株植物都有应用价值。你可以把花加到沙拉里，或者把嫩叶当成绿叶菜煮食。茎中间的髓也可食用，可谓是一种貌不惊人但意外美味的野生小食。同时，柳兰蜂蜜还是阿拉斯加的特产。在俄罗斯和其他斯拉夫地区，柳兰茶更是备受推崇；它富含维生素C和单宁，草药医生建议用它来预防和治疗前列腺癌。柳兰用处很多，确实是一种很优秀的野草。

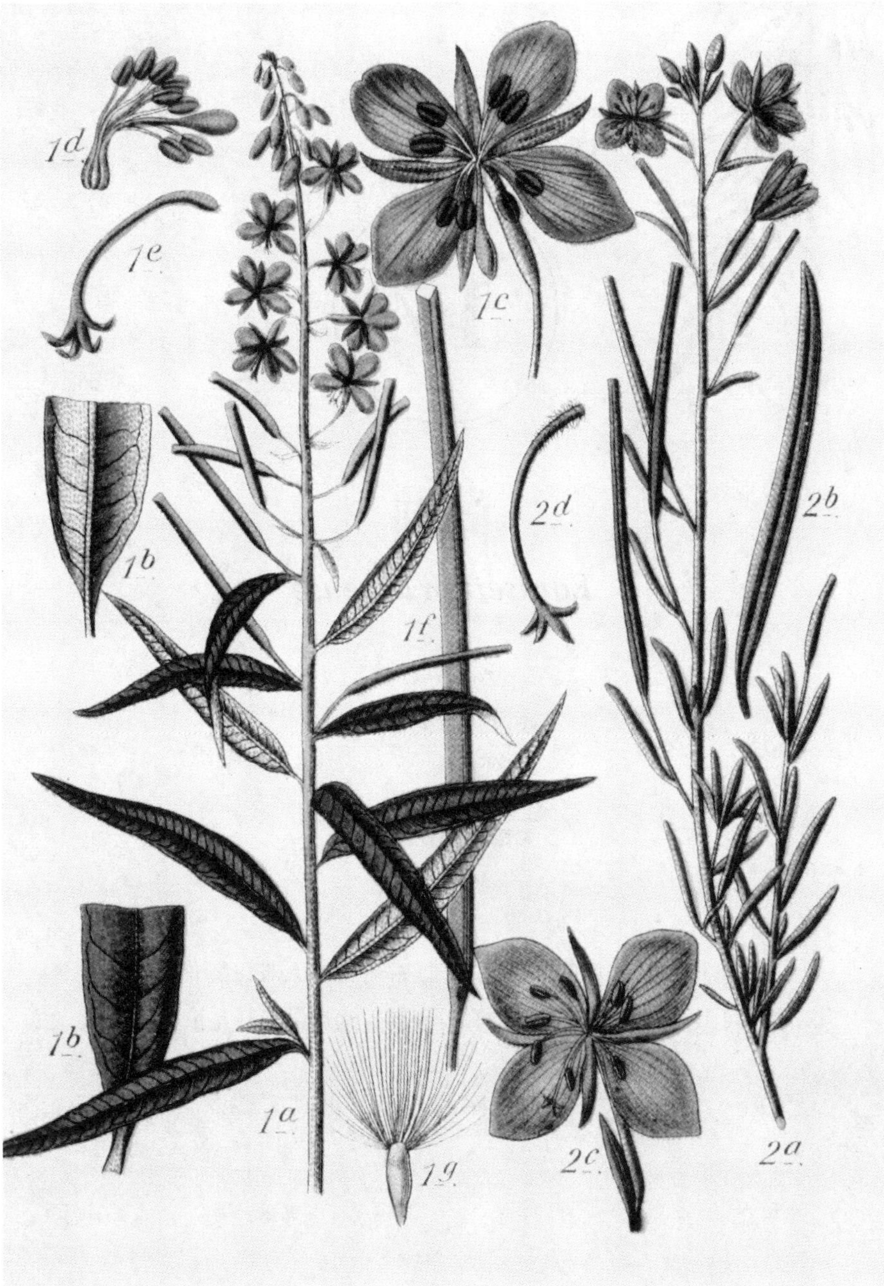

前页图 柳兰是最美的“野草”之一。

上图 别被柳兰的名字所迷惑，它与倒挂金钟的亲缘关系比与柳树更近！

17

问荆

Equisetum arvense

类别: 多年生草本

科: 木贼科

用途: 观赏、药用

毒性: 大量使用时有毒

木贼属植物是公认的“活化石”，古老得令人难以置信。它们的进化之路始于比恐龙时代**还早**的数百万年前，远远早于开花植物。

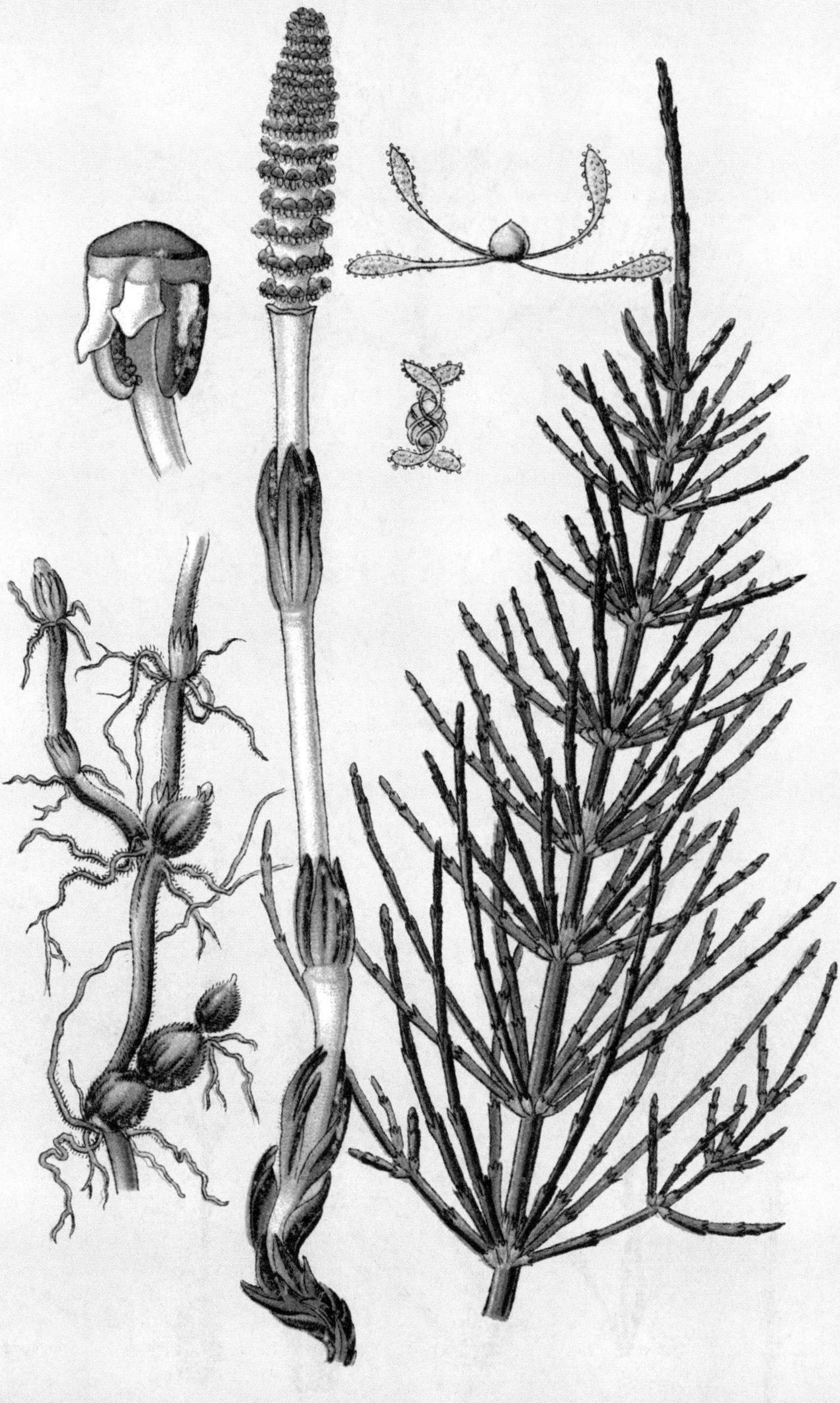

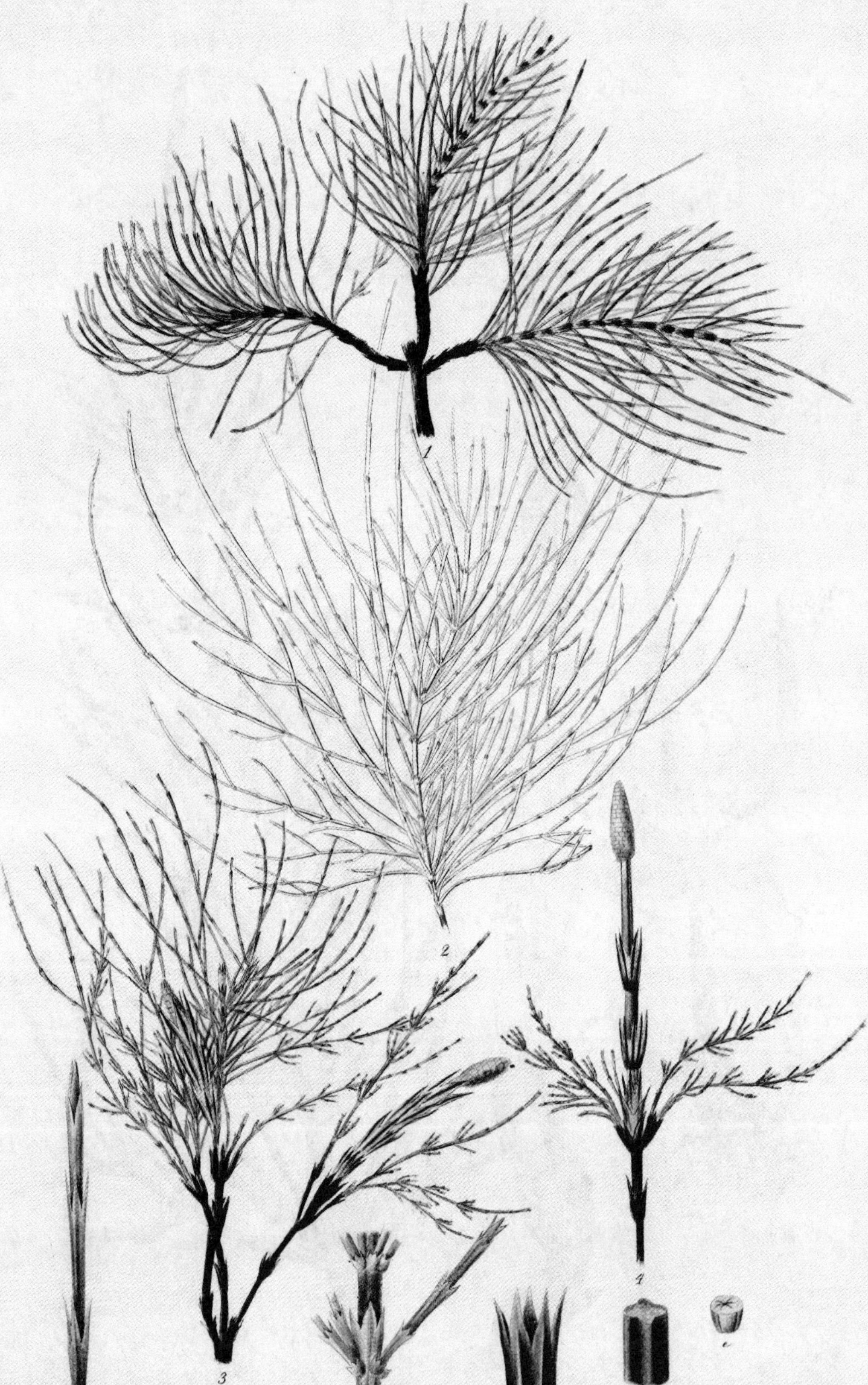
1
2
3
4
b
a
c
d
e

古前时期的世界和今天截然不同。木贼属植物的全盛时期在泥盆纪晚期到石炭纪（约3.8亿～3亿年前），其中一些早已灭绝的物种能长到20米高，由它们形成的巨型原始森林中居住着许多神奇生物，如翼展近1米的蜻蜓。如果你曾捡到过煤块，你触摸到的就是这些森林的化石残骸——这也是煤作为化石燃料的生动展现。

经过古老宁静的时光，只有少数木贼属植物在小行星撞击后幸存下来。它们见证了恐龙的登场和灭亡，一路走到今天。毋庸置疑，这类植物非常非常顽强。英国和欧洲大陆有一些本土种，其中最著名，或者说最臭名昭著的是问荆，常见于各地的菜园、荒地和花园中。它的出现通常是土壤潮湿黏重的信号，其细密的黑色根系能深入地下2米。问荆是落叶植物，其叶片有如羽毛一般，生长高度一般在20～60厘米。

问荆的每个部分都很独特。它和其他蕨类植物一样，都有较为简单的生命周期。与真菌类似，问荆通过孢子繁殖，而不是像开花植物那样依靠种子。春天，问荆最早的萌发迹象是长出一个造型奇怪的圆锥状结构，看上去像瘦瘦的伞菌，这个结构叫作孢子叶球。它会产生孢子，并在叶子生长前几周探出土壤。瓶刷状的叶形也颇为奇异。它的生长方式不同寻常：每一根茎段都可以独立地伸长，这意味着植物在受损后可以快速再生。孩子们常常欣喜地发现，这些茎段可以拆开，然后再拼起来，就像植物版的乐高积木。

问荆能够合成许多有趣的化学物质，其中就包括尼古丁。其最显著的特征之一是覆盖于叶表的二氧化硅微小晶体，质感粗糙。问荆过去曾被用来抛光金属和箭杆，因此也得名“锉草”。

现代科学正逐渐揭示二氧化硅对人类健康的重要性，因此木贼煎剂等草药疗法对指甲、头发和骨骼健康的积极作用或将得到证实。然而我们仍须谨慎，因为这种植物同时含有硫胺素酶，会对维生素B_1造成破坏。

要控制问荆的生长，最好的办法是见一次拔一次。你可以把问荆叶子和根放在水桶里炖煮以获取它的养分，从而自制液体肥料。或者干脆从大自然手中接过主动权，尝试有计划的种植。木贼属植物是一个引人注目的群体，其中有一种相当时髦的园艺植物——木贼（*Equisetum hyemale*）。它枝型垂直，整齐划一，经常出现在英国皇家园艺学会举办的切尔西花展和其他各种展览上。这证明了木贼属虽然古老，但仍然很有看头。

前页图　木贼属植物有一种奇特的美，与其他植物迥然不同。
对页图　木贼属植物错综复杂的结构值得仔细观察。

18

榕毛茛

Ficaria verna

类别：多年生草本	用途：观赏
科：毛茛科	毒性：有

总有些植物充满了象征意义：它们是门卫，开启新年的大门；它们是哨兵，预报春天的来临。榕毛茛就是其中之一，小小身材中蕴含着大大冲击力，它的独门绝技就是用一片黄澄澄的色彩赶跑阴郁的冬季。

2月下旬，美妙的时刻来临。随着严冬的威力渐衰，突然之间，你会发现阳光变得耀眼明亮，树篱上也冒出了鲜绿的新芽。接着，又是一瞬间……爆发了！一枚枚小太阳、小星星开始闪耀，它们在花园里、在树林间、在绿化带中，绽放出金灿灿的光芒。属于榕毛茛的闪亮时刻来了！

如果你凑近细看，很容易就能认出榕毛茛是毛茛科植物。人们曾将它当作毛茛属的一员，即便现在，有时人们仍会使用它的旧称细辛叶毛茛（*Ranunculus ficaria*）。严格意义上讲，榕毛茛光亮、鲜艳的花瓣其实是它的花被片，它那单瓣造型的花与毛茛属的花非常相似（见第149页）。毛茛属的花瓣色彩醒目并带有反光，具有一种类似镜面的特质，可以反射紫外线，用来吸引传粉昆虫。想象一下：那些星星般闪烁的花朵能发出人眼无法看见的光，在蜂类眼里如同一大片为它们引路的信号灯。

蜂类自然会喜欢榕毛茛，因为它的花是蜂类在早春时节重要的食物来源，对刚从冬眠中醒来的熊蜂蜂后来说更是如此。榕毛茛心形的叶子带有光泽，能密密匝匝长成一丛，株高约5～25厘米。榕毛茛的自播能力也很强，然而过犹不及，它由于霸占了花园里的背阴处而臭名昭著。在北美，人们把榕毛茛当作入侵植物，而且它很难清除，因为蜡质的叶子轻易就能抖落喷洒到叶面上的除草剂。榕毛茛的球茎和块茎都非常细小，这使它极易借由人类活动或通过洪水等自然事件而扩散蔓延。

所幸榕毛茛还有一个特点，它可以在长达半年的时间里消失不见，这多少能为它赢回些声誉。榕毛茛在冬季带来一抹绿意，在早春绽放朵朵鲜花，而在夏季和秋季就销声匿迹。许多园丁根本不把它当作野草。著名的园丁克里斯托弗·劳埃德是最早欣赏榕毛茛魅力的人，他同时也了解到榕毛茛的习性，知道它们能通过杂交而产生许多新品种。由他培育出的榕毛茛“铜黄色的丫头”（Brazen Hussy）有着可爱的深紫色叶片。榕毛茛还有许多其他栽培品种，同样讨人喜爱，它们花色多样，有奶白色、黄色、橙色和青铜色，有些重瓣品种的花瓣正反两面的颜色形成强烈对比，花朵看起来就像微缩版的睡莲。

如果你想在花园里种榕毛茛，那么选择栽培品种大有益处，因为栽培品种往往更漂亮，而且也不那么具有入侵性。把它们种在潮湿、阴暗的地方，例如落叶乔木和灌木下就很不错。这样的搭配能让你在榕毛茛开花的时候赏花，而在一年的其余时间，当绿树成荫时，你都不会记得树冠下还藏着它。

多年来，这种在春天欣欣然开放的小花已经走入园丁和诗人的心中。榕毛茛尤其受到威廉·华兹华斯（1770—1850）的喜爱，他曾作诗：

> 小白屈菜
>
> 呵，一遇到阴雨寒天，
>
> 便畏缩团拢，像许多野花那样；
>
> 一瞧见太阳重新在云朵端露出，
>
> 便怡然舒展，像阳光一样明亮！*

---

* 引自《华兹华斯诗歌精选》，杨德豫译，北岳文艺出版社2010年版。其中“小白屈菜”应为对榕毛茛英文俗名lesser celandine的直译。——译注

左图　榕毛茛明亮的黄花是春天来临的信号。

19

原拉拉藤

Galium aparine

类别: 一年生草本

科: 茜草科

用途: 食用、药用

毒性: 无

原拉拉藤是个小滑头。它不愿意耗费能量长出强壮的木质茎，而是选择了作弊：攀爬覆盖到别的植物上，然后竭尽所能抢占光线。它悄无声息地迅速扩散蔓延，争先恐后地将其他植物间的空隙填满，有时还会把别的植物闷到窒息。可原拉拉藤既不像旋花那样善于缠绕，又不像野豌豆有着卷须，也不像黑莓长着钩刺，那它是如何做到这一切的呢？

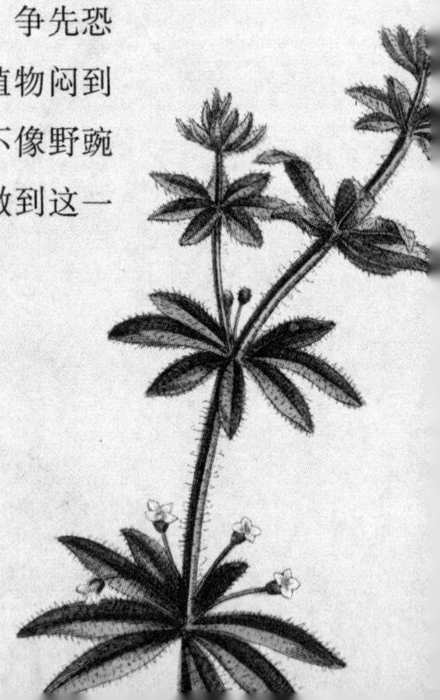

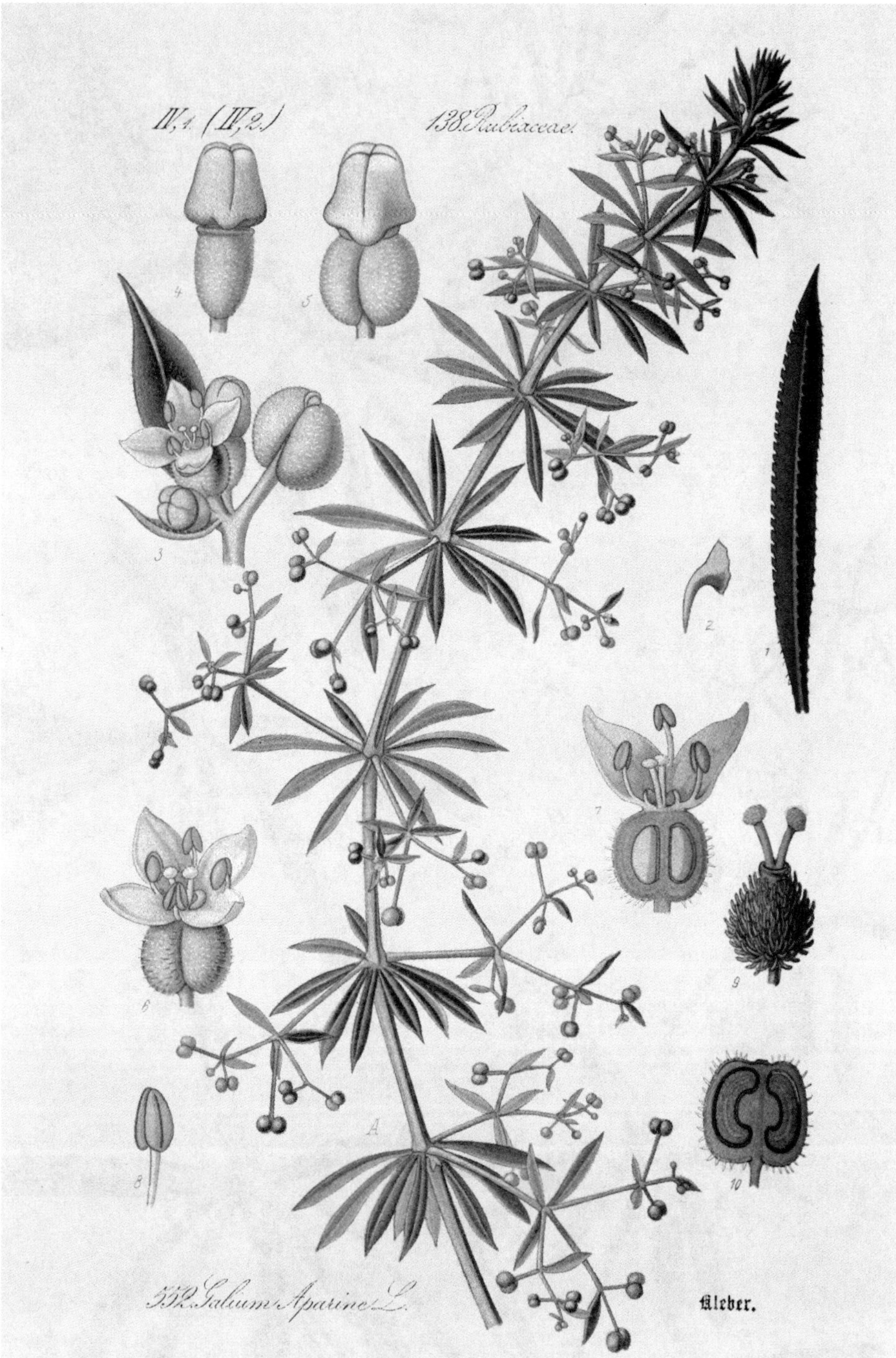
IV,1. (IV,2.)
138. Rubiaceae.
552. Galium Aparine L.
Kleber.

原拉拉藤利用毛状体这种巧妙的结构进行攀缘。毛状体就像魔术贴，这些细小粗硬的毛呈钩状，可以让原拉拉藤紧紧依附在其他植物上。它们不仅能帮原拉拉藤爬到其他植物上，还能粘在毛皮和布料上。因此小朋友们才会玩这样一种游戏：他们互掷原拉拉藤草屑，把这些碎片粘到对方的衣服上。

连原拉拉藤的果实上都长满了毛状体，就像牛蒡属植物的果实（见第22页）一样。因此无论碰巧路过的是人还是动物，它们都会搭个便车。这就难怪在世界上几乎所有气候适宜的地方，都能看到原拉拉藤的身影。

要是原拉拉藤的个头再大一点，人们可能就会觉得它的样子非常具有异国情调。它轮生的狭长叶片像车轮的辐条一般，看起来与木贼属植物相似（见第68页），但原拉拉藤株型松散、到处蔓延的习性，以及四棱形的茎却和木贼属植物完全不同。让人想不到的是原拉拉藤属于茜草科（Rubiaceae），你可以在野草中找找茜草科的其他成员，例如篷子菜（*Galium verum*）、香猪殃殃（*Galium odoratum*），一看就能发现原拉拉藤和它们有相似之处。

原拉拉藤的英文俗名叫goosegrass（鹅草），顾名思义，它是喂养家禽的优质饲料。鸡对原拉拉藤格外钟爱，因为它的叶子和茎富含矿物质，也许连鸡都知道吃了对健康有益。虽然口感欠佳，但原拉拉藤也能供人食用。用于烹饪和入药时，大多数加工方法是将其制成汤菜或汤剂。特别在早春蔬菜匮乏的时候，它的嫩叶可以充当绿叶菜，用来煮汤和炖菜。事实上，由于和咖啡一样都属于茜草科，因此原拉拉藤的种子经烘烤、研磨后，也可以作为咖啡的替代品使用。

最适合采摘原拉拉藤的时间在一年之初，或者在9月、10月的“小阳春”时节，早秋的雨水和适宜的气温能让原拉拉藤迎来短暂的生长高峰。由于生长条件的优劣不同，原拉拉藤植株的大小差异会很大，它可以只有20厘米长，但也能长到1.5米。

如果你不爱吃原拉拉藤，也欣赏不了它独特的造型，那么一看到它的幼苗就要记得拔掉，因为它很快就会开始结籽。在拔除已经结籽的植株时要穿上防水的长筒雨靴，否则种子会沾你一身。原拉拉藤的种子长满狡猾的毛状体，要摆脱它们可没那么容易，你只能用手一粒一粒把它们摘下来。如此看来，原拉拉藤的确是一个小滑头。

对页图　原拉拉藤的表面几乎都布满了又硬又粗的毛，这些毛被称为“毛状体”。

20

软毛老鹳草

Geranium molle

类别: 一年生草本

科: 牻牛儿苗科

用途: 观赏

毒性: 无

软毛老鹳草是一种可爱的小植物，它虽然紧贴着地面生长，却有几个英文俗名和高空中翱翔的鸟类相关。dove's foot（鸽爪）之名源于它有着深深裂纹的叶片，看起来像从一个中心点伸出来的许多只鸟爪。而cranesbill（老鹤草）之名源于它细长的种荚，据说看起来像是鹤的喙。考虑到400年前，鹤就已经在英国灭绝了，因此软毛老鹳草一定是种颇具历史的植物。

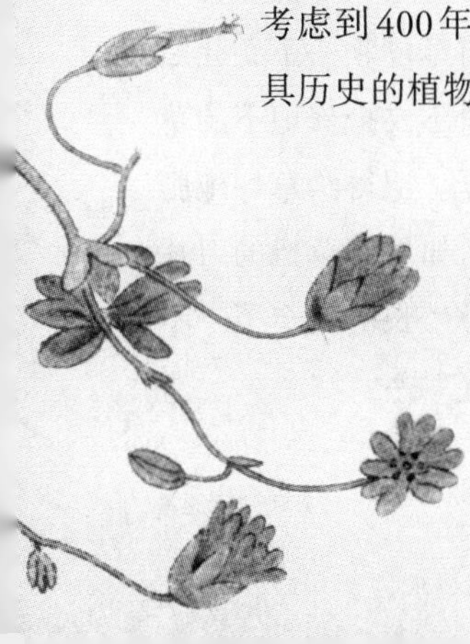

选择一个温暖干燥的日子来仔细观察软毛老鹳草，你可能就会明白为什么它是一种如此"成功"的野草。事实上，它的喙状种荚带有张力，完全成熟时就会裂开，将里面的种子向远方弹射出去。

软毛老鹳草和许多野草一样，适应性很强，在任何角落都能生长。它株型松散，株高5～30厘米，但如果长在草坪中，它会长得很小很小，从而避开割草机的刀片。它全株覆盖着柔软的绒毛，绿色的叶子大致为圆形，带有深深的裂纹，春夏时节开漂亮的粉紫色小花，有时能一直开到初秋。软毛老鹳草一年可能繁衍几代：有些在秋季发芽，缓慢生长过冬，然后在春季开花；还有些会在春季发芽，夏季开花。

软毛老鹳草经常入侵长势不旺盛的草坪，它的出现往往意味着此处土壤干燥、营养不足。这是大自然在用它的方式告诉你，要么给自己增加工作量、加强对草坪的维护，要么就放弃这场注定失败的战斗。你可以扩大花境的面积，种上一些更适合在贫瘠干燥环境生长的植物以替代草坪。许多优秀的植物在干燥荫蔽的地方也能茁壮成长，观赏效果会比一片褴褛的草坪要好得多。

除了软毛老鹳草，老鹳草属还有许多其他品种，通常统称为耐寒老鹳草，它们皮实、花期长，无论种在阳光充足的地方还是阴凉处，大多数品种都能长势良好，是非常有用的园艺植物。要是想在几个月的时间里都能欣赏到美丽的紫蓝色花朵，可以试试种老鹳草"罗扎尼"（Rozanne）或"猎户座"（Orion）。还有一些品种的老鹳草属于野草（另见第82页汉荭鱼腥草）。

如果花境里长了软毛老鹳草这种漂亮的小可爱，但你却不想要它，也能轻轻松松就把它拔掉。假如它已入侵你的草坪，可以在修剪草坪前先将草坪耙一下，让贴地的软毛老鹳草直立起来，以确保割草时能把它们修剪掉。尽量不要把修剪下的草屑丢到堆肥里，这样做很可能只是在帮助软毛老鹳草进一步蔓延。记得给草坪施肥浇水，让草坪茁壮成长。最后还有一点，不要把草坪剪得太短。如果割草机的刀片刮伤了草皮，露出光秃秃的土壤，那就是给软毛老鹳草创造放肆生长的机会了。不过话说回来，软毛老鹳草这个小家伙如此漂亮，你怎么会不想要它呢？

对页图和上图 软毛老鹳草和花园中种植的耐寒老鹳草是近亲。

21

汉荭鱼腥草

Geranium robertianum

类别: 一年生草本, 偶尔二年生草本

科: 牻牛儿苗科

用途: 药用、观赏

毒性: 无

“亲不尊，熟生蔑”这句话用在汉荭鱼腥草身上再真实不过。若不考虑本书的主题是野草，单看植物本身，很难想象人们为什么会把汉荭鱼腥草叫作野草。这个小东西是那么精致、漂亮。如果它是稀有的外来植物，或者很难种植，那人们就一定会视其为珍宝了。

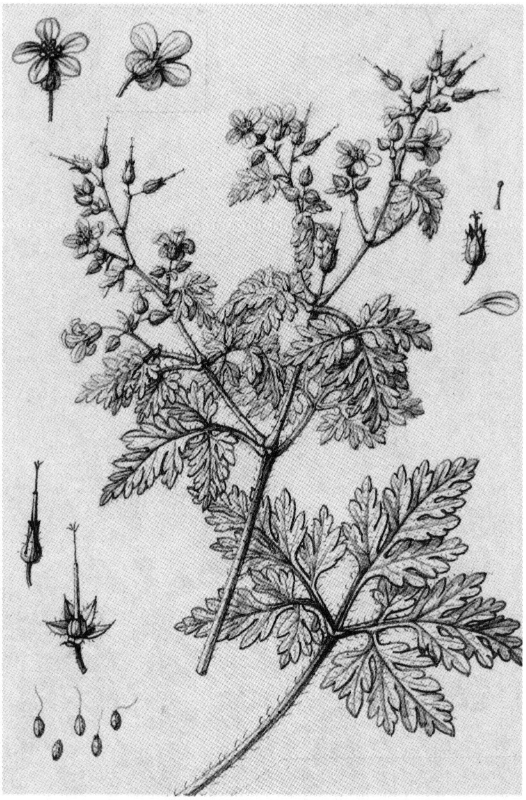

从春末到秋初的很长一段时间内，汉荭鱼腥草一直都欢快地开着花，不断绽放出一朵朵鲜艳的粉红色花朵。如此艳丽的颜色本应很容易让人觉得刺目，但汉荭鱼腥草看起来却依旧端庄。也许是因为它带有浅色条纹的花朵非常小巧，叶片的形状类似蕨叶，花朵星星点点洒落在层层堆叠的叶片之上。粉色的花与带有微红、紫红色调的枝叶、种穗一起，构成了一幅可人的画面。

知道植物的学名有助于园丁了解自己所养的植物。汉荭鱼腥草属于老鹳草属，是一种耐寒老鹳草。还有些美丽的植物和它是亲戚，例如同样也开五瓣花的草地老鹳草（*Geranium pratense*）。汉荭鱼腥草有数百个俗名，但很少与老鹳草沾边。而老鹳草之所以叫老鹳草，是因为这类植物尖尖的种荚颇有特色，就像鹤和鹳的嘴一样又长又尖。

汉荭鱼腥草最常见的俗名是“臭烘烘的鲍勃”，之所以有这个名字，是因为它的叶子被碾压时会散发出特殊的气味。不过对气味香臭的感知却是见仁见智，有些人并不反感汉荭鱼腥草的特殊气味，而有些人则对这种气味讨厌至极。好在汉荭鱼腥草只有在被压碎的时候才会散发出这种气味，所以又多了一个不必拔除它的理由。

汉荭鱼腥草的株型松散，是种会向四处蔓延生长的一年生植物。有时候，它也会是二年生植物，第一年只长叶子，第二年开花。它的株高在10～45厘米之间，在树林、树篱和多岩石的地方野生；在花园里，它往往会在背阴的地方到处自播，有时能长成一大片。

如果你想要在非常背阴的地点建造砾石花园，那应该欢迎汉荭鱼腥草的到来。何必与这种无需打理又如此美丽的植物做斗争呢？它能在干燥阴凉的地方大显身手，与许多植物搭配都相映成趣，例如地杨梅属（*Luzula*）、薹草属（*Carex*），还可以与

对页图 汉荭鱼腥草鸟喙状的种荚表明了它和耐寒老鹳草的关系。
上图 汉荭鱼腥草的叶片造型精巧、色彩鲜艳，是一种很容易讨人欢喜的野草。

一些更显眼的植物种在一起，例如玉簪和紫叶矾根。

汉荭鱼腥草也有开白花的品种，如汉荭鱼腥草“白色”（Album）和“凯尔特白”（Celtic White），这些完全没有红色素的品种有着清新的绿色容貌。人们也认为“凯尔特白”的株型更紧凑，相对不容易在花园里到处自播。好在汉荭鱼腥草并不难控制，拔除它简直轻而易举。你可以用锄头锄掉幼苗，或者把它翻挖埋到土里，与别的多年生野草不同，汉荭鱼腥草的残根碎片不会再长出新植株。

汉荭鱼腥草用途广泛，因此备受草药专家的重视。它的叶子具有止血作用，可用于小伤口止血。对于在花园里劳作时不慎弄破的小伤口，你可以顺手摘一些汉荭鱼腥草来止血。它也一直被用来治疗流鼻血和牙痛。汉荭鱼腥草美观与实用兼具，值得在每座花园中占有一席之地。

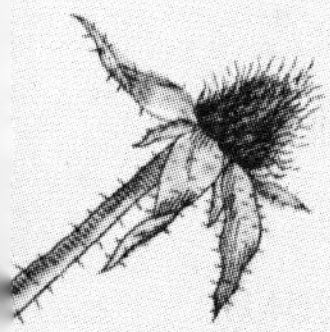

22

欧亚路边青

Geum urbanum

类别: 二年生草本

科: 蔷薇科

用途: 食用、药用

毒性: 无

有些野草，虽然很多园丁能认得，却叫不出它们的名字，欧亚路边青就是其中之一。这太可惜了，因为欧亚路边青的英文俗名和拉丁学名背后都有各自的故事，知道它的名字能帮你了解其与众不同的品质，从而可以更好地欣赏这种独特的喜阴植物。

欧亚路边青曾经被叫作“丁香根”，和其他许多植物的古老英文俗名不同，这个名字倒有几分道理。欧亚路边青的根部确实散发出类似丁香气味的强烈香气，因此它是我们为数不多的本土香料之一。欧亚路边青根部的这种香味主要来自一种叫作丁香油酚的芳香物质，丁香和肉豆蔻中也含有这种物质。人们用它给啤酒调味，也会直接咀嚼以清新口气。欧亚路边青的根还被用来制作驱蛾剂，或作为制剂来制药，可治疗包括腹泻、心脏病、口臭等各种疾病。虽然现在有了更有效的药物，人们已将欧亚路边青的药用价值置于次要地位，但仍可以在烹饪中用到它的根。将欧亚路边青的根，包括毛细根晒干后当作香料使用，就和丁香的用法一样，例如可以用欧亚路边青的根给热红酒或甜品增加一点别样风味。不过因为它的味道没有丁香那么强烈，所以用量应酌情增加。

以前的人常常在植物中寻求各种意义，早在那时，欧亚路边青就与基督教产生了联系；人们认为它三片一组的叶子代表了神圣的三位一体*，而五片花瓣的花朵代表了基督受难时身上的五处伤痕，因此欧亚路边青才有了拉丁文的名字herba benedicta，意为“被祝福的、具有美好意义的草本植物”。随着时间的推移，这个拉丁文名被缩减并变成了英文名herb bennet（木路边青）。

欧亚路边青属于蔷薇科，该科植物还包括黑莓、草莓和苹果，它们的一个典型特征就是花有五片花瓣。从欧亚路边青的学名*Geum urbanum*中能看出，这种随处可见的野草其实是一些常见花园植物的亲戚。多年来，路边青属植物一直是村舍花园的宠儿，它们美丽的花朵有黄色、橙色、红色，看起来既活泼又优雅。欧亚路边青的近亲紫萼路边青（*Geum rivale*）是一种漂亮的本土野花，它优雅别致的暗粉色花朵摇曳生姿，无论用于传统的村舍花园，还是用在更现代的园艺设计方案中都非常适合。

欧亚路边青也和许多野草一样，用巧妙的方法适应着环境。欧亚路边青的叶子有点像草莓的叶子，普普通通，混在其他植物之间毫不起眼。同时，它芳香的根部非常坚韧强壮，很难徒手将它拔出来。欧亚路边青能长到大约45厘米高，在夏天开柠檬黄的小

对页图 欧亚路边青是背阴花园中一种常见的野草。
上图 欧亚路边青的根系强韧，带有芬芳的香气。

花，之后结出一簇簇干巴巴的果实，人们将它的果实称为“瘦果”。养狗或长毛猫的人应该都很熟悉欧亚路边青带有小钩子的瘦果，它们很容易就能附着在动物的皮毛和人类的衣物上，搭上免费的便车前往新的生长地。

* 三位一体为基督教教义，认为上帝只有一个，但包括圣父、圣子耶稣基督和圣灵三个位格。——译注

23

洋常春藤

Hedera helix

类别: 多年生藤本

科: 五加科

用途: 观赏

毒性: 有

如果人们了解洋常春藤是什么样的植物，知晓它的丰富用途，明白它供养了多少生物，再把它当作一种野草似乎就有些忘恩负义了。洋常春藤在野生动物生存保障方面有着惊人的能力，除此之外它也多才多艺，是一种用途极为广泛的植物。试问还有哪种植物，既能作为地被植物，又能当作灌木，同时还身兼花坛植物、室内植物和攀缘植物数职呢？

上图 洋常春藤会随着生长、成熟而改变叶子形状和生长性状，最初以攀缘植物的形态生长，但过了10年左右会变成灌木状。

洋常春藤是英国唯一的本土常绿攀缘植物，它木质的藤可以长到30米长。这样的生长活力让人震惊，但也正是这种活力让常春藤的用途如此广泛。10月，找一个阳光灿烂的日子站在一棵爬满常春藤的树旁，你会听到生命的喧嚣。洋常春藤在秋季开花，它的花对蜂类、蝴蝶和各种昆虫来说非常重要。在冬季来临之前，昆虫会好好利用这些它们能在乡野间获得的最后一批花粉和花蜜。

洋常春藤能将光秃秃的树干变成野生动物的摩天大楼。从筑巢的鸟类到各种无脊椎动物，洋常春藤茂密、常青的叶片为无数生命提供了安全的庇护空间。洋常春藤开花后结出的浆果又成为野生动物的食物来源。在英国，超过100种昆虫和17种鸟类依赖洋常春藤供给食物。甚至还有一种特殊的洋常春藤蜂，长得就像是毛茸茸的姜黄色蜜蜂。

人类同样受益于洋常春藤。美国国家航空航天局的一项研究表明，可以用洋常春藤来清除航天器内空气中的有害化学物质，其效果非常惊人。如今它作为一种在市面上销售的室内植物，净化空气功能更是其一大卖点。洋常春藤还是一种有效的保温材料，你可以让它爬满房子的外墙，从而使室内冬暖夏凉。

然而并非所有的洋常春藤都会攀爬。一旦洋常春藤在墙面或树上站稳脚跟，就会突然改变性状，从幼年时藤本植物的形态转换为成年时的灌木（树状）形态。此时就连它们的叶子形状也会发生变化，从五角形变为椭圆形。

只有长成树状形态的洋常春藤才会开花，这些花对野生动物十分有利。很有意思的是，如果从树状的洋常春藤上剪下枝条扦插，成活后的植株会保持树状，一直像灌木那样生长。

许多人觉得洋常春藤是树上的寄生虫，这看法可不对。洋常春藤攀爬到树干上的方式非常巧妙，它并不会刺穿树皮。洋常春藤先长出绿色的不定根，这些根可以粘在它所攀附的任何表面上。之后不定根会渐渐干透、变成棕色，并且不断收缩，使植株向支撑物靠近。如果洋常春藤攀附在本身就很脆弱的老树上，会使得老树头重脚轻，很容易在风暴中被吹倒，这是它唯一可能给树木造成损害的情况。而且也恰恰和人们通常的看法相反，洋常春藤并不会损害坚固的砖瓦。不过它的浆果对人类有毒，皮肤碰到植株也会引起接触性皮炎，所以在修剪洋常春藤时应该穿长袖衣物并戴好手套。

洋常春藤也是一种用途广泛的园艺植物，尤其适合种在干燥、背阴的地点，也能用来遮盖碍眼的地方，更别提它还能吸引野生动物。如果喜欢更明亮的色彩效果，可以选择斑纹或金叶的栽培品种，如洋常春藤“黄油杯”（Buttercup）。市面上出售的洋常春藤有100多个不同的品种，株型、大小、颜色各异，所以一定会有一种适合你的花园。

24

独活属

Heracleum

欧独活（*Heracleum sphondylium*）

巨独活（*Heracleum mantegazzianum*）

类别： 二年生草本或短命多年生

科： 伞形科

用途： 食用、观赏

毒性： 部分有毒

欧独活的外形结构感十足，看起来相貌堂堂、气宇不凡。如果野草界有选美比赛，它绝对是个极具实力的竞争者。欧独活开花时，硕大洁白的花头四周围着嗡嗡作响的授粉昆虫，非常引人注目。即便已经枯死的欧独活也美丽依旧，雕塑般的骨架能在长达数月的时间里装点乡野的风景。而这份美丽之下，隐藏着一些惊人的秘密。

欧独活是一种可爱的植物，它平顶型的花序颇有特色，花期长达数月，装扮着绿篱、路边草丛和牧场。欧独活花色洁白，有的会略带淡粉色，平顶状的花型为前来享用丰富花蜜的昆虫提供了完美的落脚点。确切地说，它的花序应该称作“伞状花序”，这些小花头就像伞骨一样从中心点向外辐射。因此，欧独活所属的伞形科学名旧称的拉丁文为Umbelliferae（现已改为Apiaceae），英文为umbellifers，可以看出和英文umbrella（伞）这个词的关联。不过欧独活的茎和叶子覆有绒毛，人们可以通过这点将它和其他伞形科植物区分开来。它能长到约1.8米高，是欧洲西北部最引人注目的一种野花。

因此，19世纪时，当更加巨大、夸张的巨独活从俄国引进时，难怪园丁们会兴奋不已。巨独活是一种真正让人叹为观止的植物，它能长到4米高，硕大的花头有自行车轮子那么大，人们认为它是温带气候中体型最大的草本植物。除了巨大的体型外，巨独活还可以通过锯齿状叶片和茎上的紫色斑点来识别。

可惜巨独活这个美丽的庞然大物也非尽善尽美，它的汁液会引起皮炎和光过敏。如果皮肤不慎沾上巨独活汁液并暴露在阳光下，就会出现严重的水泡。巨独活的自播能力也非常强，每一棵都能结出数以万计的种子，要是生长在它喜爱的河畔，这些种子很容易随着水流散播到下游。巨独活与喜马拉雅凤仙花一起被列入了《野生生物和乡村法案》，都属于非本土入侵植物，是真正的不法之徒，在《外来入侵物种（强制实行和许可）令（2019）》中曾被特别提及。不要在花园里种植巨独活，更不要在野外播种。如果你在散步时看到它，注意保持安全距离，仅仅欣赏一下就好。

如果你喜欢巨独活的样子，但又对它的入侵性有所顾虑，不妨考虑它那几十种优秀的亲戚。巨前胡（*Peucedanum verticillare*）和大阿魏（*Ferula communis*）具有类似的造型，是追求时尚的花园设计师眼中的潮流植物。当然，倘若你不介意本土欧独活可能会自播的特点，也可以在花园里种一些。只是要注意，如果你的皮肤碰到它的汁液，虽然不会出现碰到巨独活汁液那么严重的后果，但也会引起类似的炎症和过敏症状。

让人想不到的是，本土欧独活还可以食用，有几种烹饪方式。它的嫩叶新芽是大家公认的美味野菜，春天的时候，可以拿来像芦笋一样烹饪。然而要注意采摘时必须特别小心，因为有很多看起来类似欧独活的植物是有毒的。伞形科的植物众多，既有毒参、毒欧芹这样的致命毒药，也有胡萝卜、欧芹和香菜这样的美味佳肴。除非你有十足的把握确定其身份，否则千万不要吃野外采摘的野菜。

如果你能明确辨认出这个植物就是本土欧独活，那可以尝尝它的种子，会发现有一种介乎生姜、豆蔻和香菜之间的美妙辛辣味。最好在种子完全成熟之前采摘，加到甜点里风味极佳，例如用在燕麦甜饼或姜饼中。欧独活的种子还能泡茶——自产的欧独活茶，不来一杯吗？

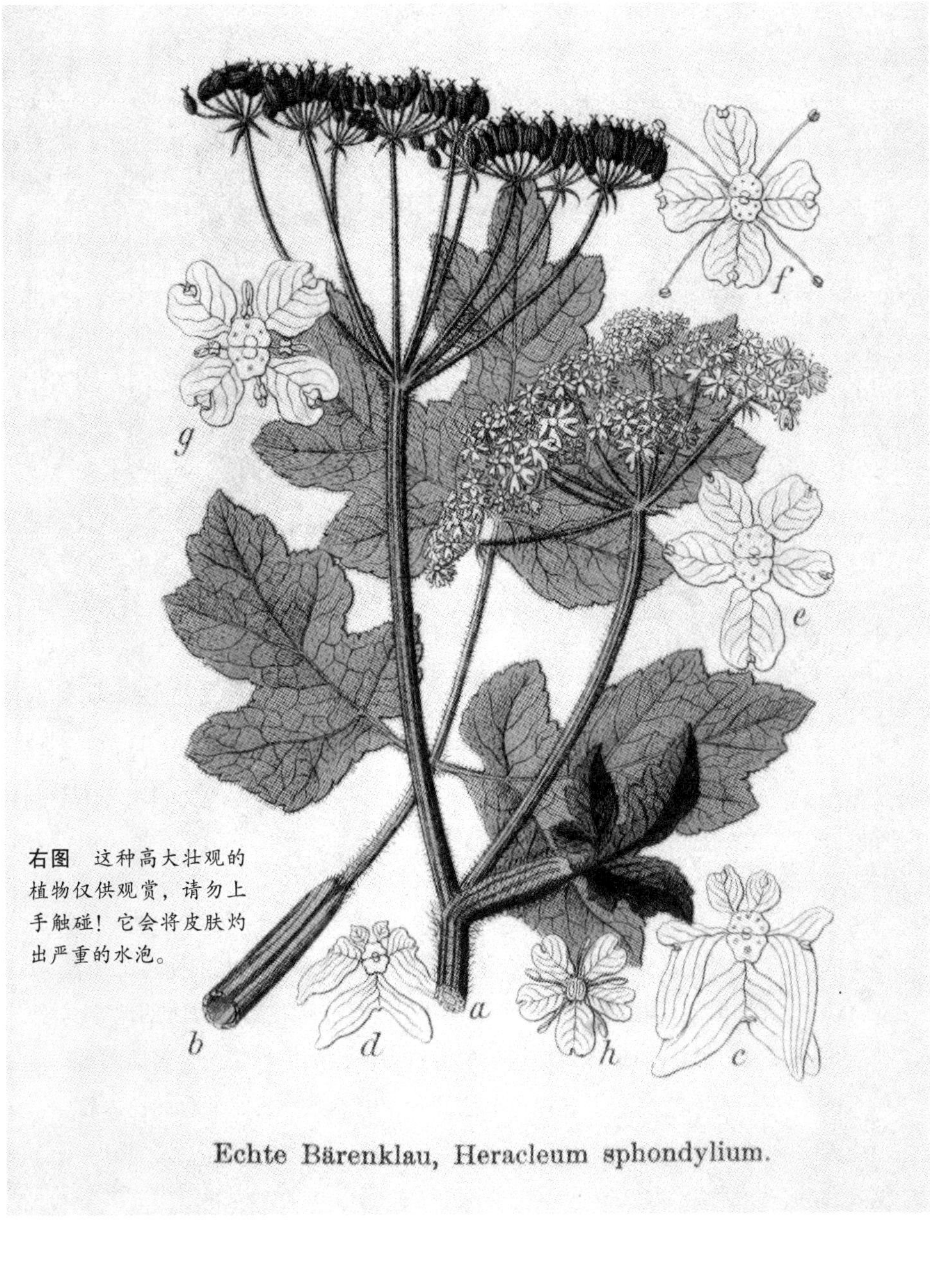

右图 这种高大壮观的植物仅供观赏，请勿上手触碰！它会将皮肤灼出严重的水泡。

25

蓝铃花属

Hyacinthoides

西班牙蓝铃花（*Hyacinthoides hispanica*）

杂交蓝铃花（*Hyacinthoides × massartiana*）

英国蓝铃花（*Hyacinthoides non-scripta*）

类别：	球根
科：	天门冬科
用途：	观赏
毒性：	无

圣诞节刚过，蓝铃花鲜绿的嫩芽就开始从冰冷的泥土中探出头来，它们的身影出现在林地间、树篱下的田垄上，还有花园中背阴的地方。这些萌芽小小的，却是春天即将到来的有力证据。接下来无论遭遇雨雪霜冻，它们都泰然自若，让绿色渐渐蔓延，突然某一天，蓝色的花海就覆盖了林间地面。

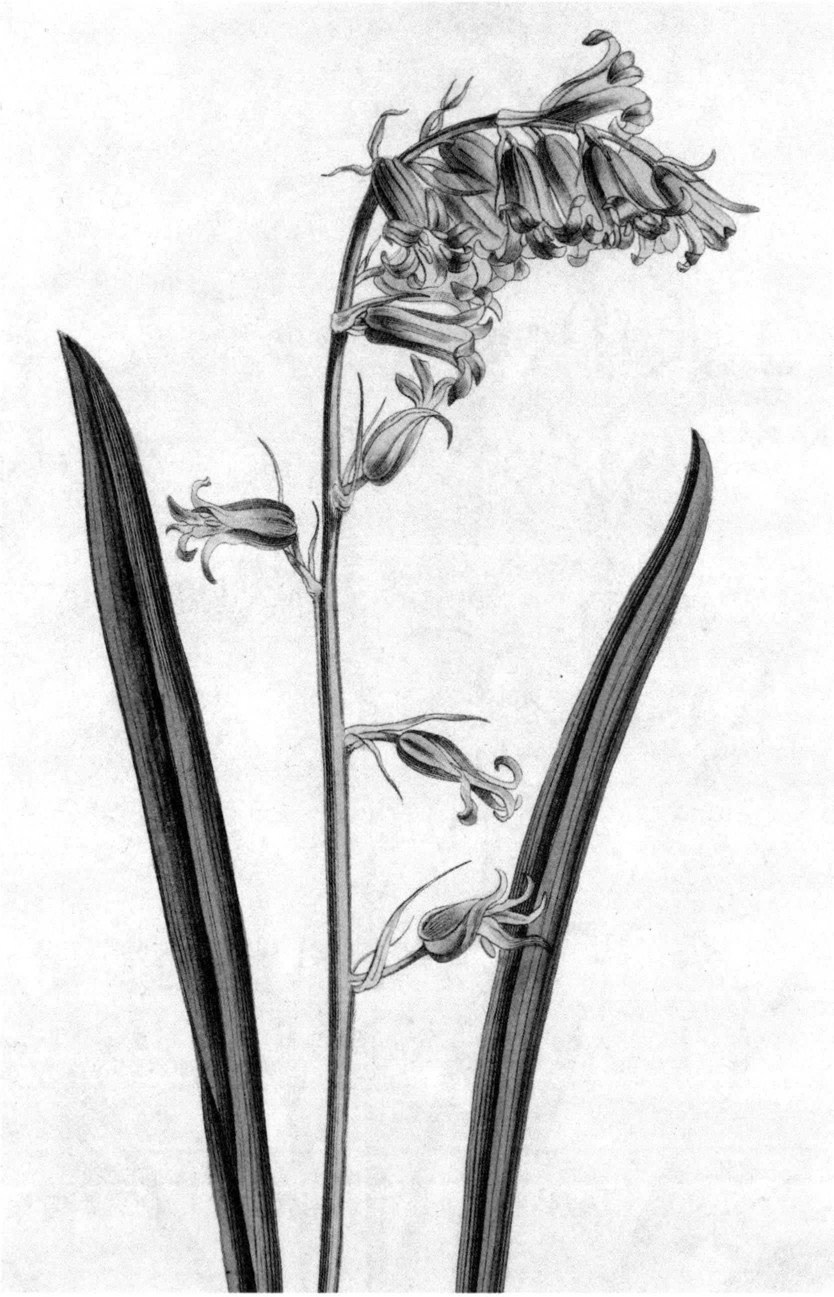

上图 虽然蓝铃花可能算是花园中的入侵植物，但它却是林地间动人的春日色彩，备受人们喜爱。

蓝铃花盛开的林地美得让人窒息，这也是英国和爱尔兰所独有的美景。生长在这两个岛国上的蓝铃花数量竟然占到全世界总量的一半。这些成片开放的蓝色花朵芬芳怡人，看上去可不像是野草。但蓝铃花非常善于四处自播，新生的球根也能迅速长大。等它们密密匝匝长成了一片，就会把那些相对娇弱的开花植物挤到一边。而在这众多的蓝铃花中间，也潜伏着外来植物……

西班牙蓝铃花很容易和英国蓝铃花杂交，繁衍出大量充满活力的后代。杂交蓝铃花的学名为*Hyacinthoides* × *massartiana*，它和英国蓝铃花不同，后者有香味，花朵呈独特的深蓝色。你还可以通过观察花粉来辨别不同的蓝铃花：英国蓝铃花的花粉是乳白色的，而西班牙蓝铃花和杂交蓝铃花的花粉往往是蓝色或绿色的。不过要识别出英国蓝铃花，最可靠的方法是看花穗——英国蓝铃花的花穗弯曲下垂，所有的花都只开在花穗的同一边。

西班牙蓝铃花和杂交蓝铃花作为外来客，在英国激起了种种园艺仇外情绪。虽说本土蓝铃花精巧妩媚，的确值得大加赞赏，但如果像一些专家所预言，气候变暖会对蓝铃花林地产生威胁的话，那么来自更温暖的西班牙的杂交蓝铃花所拥有的血统和活力也许能对蓝铃花林地应对气候变化有所帮助。

如果你决定要控制花园中蓝铃花的数量，慢慢来，稳扎稳打才能赢得这场对抗赛。这也不会耽误你赏花，因为控制蓝铃花最好的办法是在花谢时连花带叶从地里拔出来，把花茎都折断，这样你还能收获一大批堆肥材料。连着几年都这么操作，花园中的蓝铃花就会活力衰退，渐渐消失。

除非你种着本土蓝铃花的花园与野地毗邻，否则就不用担心在花园里会出现西班牙蓝铃花或杂交蓝铃花。况且它们也无甚害处，而且对授粉昆虫来说，西班牙蓝铃花和杂交蓝铃花还是非常有用的蜜源植物。想要根除外来蓝铃花恐怕永无可能，所以我们不妨学着去欣赏它们。话虽如此，我们也应对本土蓝铃花尽到责任，挖出的杂交蓝铃花和西班牙蓝铃花需要妥善处理。可以把它们扔到城市社区的堆肥箱里去，堆肥产生的热量足以杀死它们的种子和球根。

正如作家、主持人理查德·梅比所说，蓝铃花完美验证了那句话："野草只是长错地方的植物。"西班牙蓝铃花是花园外的野草，而在花园中，人们也常常把英国蓝铃花看作野草。如今这个时代，花园设计越来越崇尚野趣，而真正的乡野却愈加支离破碎，大自然也随着气候的变化而发展改变。那些能在人为制造的新环境中生存下来的野生植物，无论最初来自哪里，或许我们都应该学着去珍惜它们。

26

喜马拉雅凤仙花

Impatiens glandulifera

类别：一年生草本

科：凤仙花科

用途：食用、药用、观赏

毒性：无

若不考虑本书的主题是野草，喜马拉雅凤仙花这个名字听起来就像高档洗发水或香水的成分，既具异国风情，又迷人可爱。因此，抛开它身上“野草”的标签，来欣赏一下吧！想到喜马拉雅凤仙花，我脑海中冒出的两个词的确就是“异国风情”和“迷人可爱”。

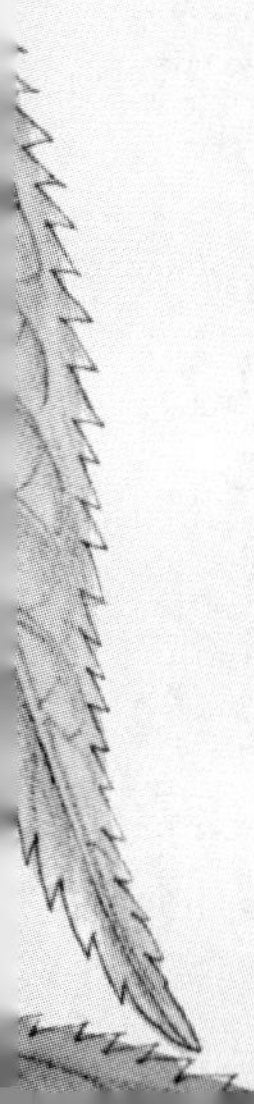

秀颀、优雅的喜马拉雅凤仙花只需一季就能长到2～3米高，它的茎秆粗壮笔直，从叶节点处喷涌而出的小花枝上缀满兜帽状的花朵，花色从纯白到深粉紫，缤纷多彩。它是长得最高的一年生野生植物，花哨艳丽，看起来充满了热带风情。喜马拉雅凤仙花有一个有趣的习性，它成熟的种荚会炸开，将种子射到6米开外的地方。

可惜这些会炸裂的种荚给喜马拉雅凤仙花惹来了麻烦：它已经占据了河堤沿岸、运河两边，还有其他众多潮湿的地方。虽然有些科学家开始觉得它的影响并没有最初预估的那么严重，但喜马拉雅凤仙花现在已经被列入两个官方通缉名单：英国的《野生生物和乡村法案》附表9和《外来入侵物种（强制实行和许可）令（2019）》。简而言之，不要在花园里种植这种植物，更不要为它在野外扩散助一臂之力。如果你喜欢喜马拉雅凤仙花的模样，想要在花园里种一些样貌与之相似但合法的植物，可以试试多年生的染料凤仙花（*Impatiens tinctoria*）。染料凤仙花的香气如百合般馥郁，纯白色的花朵中心带有红色的斑点。而时髦的花坛植物苏丹凤仙花，也是喜马拉雅凤仙花的近亲。

顾名思义，喜马拉雅凤仙花原产于喜马拉雅山脉西侧，是一种在高海拔地区栖息的植物。它所分布的地区最低海拔也在海平面1 600米之上，这也能说明为什么它对英国冷凉夏季的耐受性很强。喜马拉雅凤仙花是蜂类的心头好，因此它有一个俗名叫“蜜蜂屁股”。要是在阳光明媚的日子里路过一片盛开的喜马拉雅凤仙花，你就会看到很多蜜蜂的屁股。喜马拉雅凤仙花的花朵富含花蜜，它芳香四溢、色泽浅淡、流动性好。初夏的一轮鲜花盛开之后、到秋季常春藤开花前，花蜜的供给会有一段时间的缺口，而喜马拉雅凤仙花的晚花特性正好弥补了这个缺口，因此对蜂类来讲大有益处。

英国养蜂者协会偶尔会收到报告，称发现了奇怪的白色“幽灵蜂”。其实这些蜂类只是身上沾满了喜马拉雅凤仙花的白色花粉。为了成功繁衍，喜马拉雅凤仙花采取了一种复杂而巧妙的方法，有条不紊地将花粉刷到蜂类的背上：当蜂类飞来采蜜、钻进花朵中时，会触发雄蕊下垂，这样花粉就能附着在它的身上。

喜马拉雅凤仙花也可以供人类食用。无论是成熟还是未成熟的种子都能吃，相比之下，未成熟的种子更美味，而且此时也更容易采摘，种荚不会炸裂而弹你一身籽。喜马拉雅凤仙花的种子带有种坚果风味，用在甜点或咸食中皆可，可以加到奶酥皮里，或洒在咖喱、沙拉上当点缀*。

喜马拉雅凤仙花是植物界真正的浪子，狂放又美丽，它能将一些污染最严重的工业区变成一片花海。这种植物深受蜂类喜爱，却是人类眼中的法外之徒，它展示出植物和人类之间奇妙的相互影响力。喜马拉雅凤仙花的故事仍在继续。

前页图和上图 喜马拉雅凤仙花的花色从白到深紫都有；它还有几个近亲种开黄花。

* 请注意，除非是以根除为目的，否则运输喜马拉雅凤仙花是违法行为。因此文中仅因趣味性提及这些食用方法。——原注

27

疆千里光

Jacobaea vulgaris

类别: 二年生草本

科: 菊科

用途: 观赏

毒性: 有

夏季大踏步地登场了，学校里空空荡荡，海滩上挤满了游客，一簇簇金灿灿的小星星开始点缀乡村郊野。废弃的土地上、路边的草丛间、小块的田地里，这些小星星明亮、耀眼，有时它们汇聚在一起，形成一片闪闪发光的金黄色花毯。属于疆千里光的高光时刻到了。

著名的乡村诗人约翰·克莱尔在1830年代写过关于疆千里光的诗句：

> 夏日何时为她扎起黄褐色的花束；
> 用美丽丰茂装点着荒地，
> 没有你这些地方将沉闷而毫无生机，
> 只能被骄阳暴晒，荒无一物——

疆千里光的花朵花型开放、富含蜜汁，能吸引数百种蜂类、蝴蝶和授粉昆虫，还有几十种本土无脊椎动物非疆千里光不吃。黑底带有鲜红斑纹的朱砂蛾（*Tyria jacobaeae*）色彩十分艳丽，它也将疆千里光当作食物，不过除此之外它还另有所求。它在疆千里光上产下数以百计的卵，不久就会有成群的毛虫开始吞噬植株，这些毛虫橙黑相间，看起来像奇怪的甘草什锦糖。这种五彩斑斓的奇特景象已经持续了几千年。

对页图 疆千里光的花和雏菊的花类似，这表明它是一种菊科植物。
左图 疆千里光像磁石一样吸引着野生动物。

然而现如今，疆千里光却成了植物界真正让人生厌的流浪汉。为了遏制其蔓延，甚至还有专门的立法：《疆千里光控制法案（2003）》。疆千里光作为一种本土植物，又无可否认地对野生生物十分友好，那为何人们会将它妖魔化至此呢？

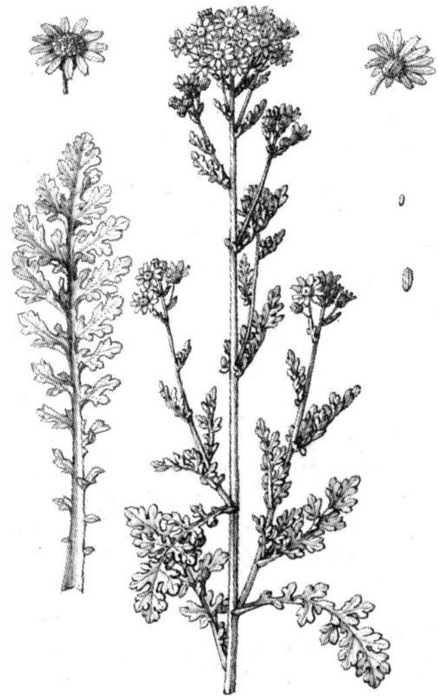

再看一眼这些毛虫就知道答案了。它们的色彩非常鲜艳，身上那些引人注目的橙色和棕色条纹是一种警告：**别吃我，否则你会后悔的**。这些毛虫具有很强的毒性，而这种毒性就来自它们的食物疆千里光。疆千里光含有大量的有毒生物碱，这是给它惹来麻烦的罪魁祸首。

如果牲畜，特别是马匹在放牧时吃到了疆千里光，就会出现肝衰竭并且死亡。虽然听起来非常吓人，但要知道疆千里光很难吃，它的叶子碾碎后会散发出可怕的气味，马匹会对它避之不及，因此旧时它才有个俗称叫“母马的屁”。

尽管疆千里光竭力避免被吃掉的命运，可惜人类总有几个法子能让它的努力落空。如果干草或发酵的青贮饲料中混入了疆千里光，动物就难免会吃到它。在田里使用除草剂也会造成同样的问题，因为枯萎的疆千里光气味不再明显却依然具有毒性，动物会由于无法辨别而误食，这真是太讽刺了。另一种危险的情况是当牧场过度放牧时，动物没有足够的空间或者食物，它们饥不择食的嘴就会扑向疆千里光。这些动植物大多已经共同生活了几千年，而人类的影响却在它们之间造成了上述种种问题。

那么园丁该怎么做呢？如果在你的花园外方圆50米范围内，有用于放牧、生产干草或青贮饲料的土地，你就应该清除园中的疆千里光*。处置这种植物时，一定要戴手套、穿长袖衣服。在高风险地区，可以选择疆千里光的替代植物，诸如黄蓍“月光”（Moonshine）之类，它们同样迷人、对野生动物友好，并且没有毒性。

如果疆千里光不是生长在用于放牧或饲料生产的土地附近，你就可以放心欣赏它生机勃勃的花朵，还有被它吸引来的野生动物。政府相关立法的指导意见中也承认：“疆千里光……对野生动物非常重要……它为各种各样无脊椎动物提供生存保障，是许多昆虫的主要蜜源植物。”即便是流浪汉也该有其一席之地。

---

* 欲了解更多信息，请参见英国环境、食品及农村事务部发布的《关于如何防止疆千里光蔓延的实践守则》，该守则可在网上查阅。——原注

28

野芝麻属

Lamium

大苞野芝麻（*Lamium purpureum*）

短柄野芝麻（*Lamium album*）

类别：多年生/一年生草本

科：唇形科

用途：食用、药用、观赏

毒性：无

野芝麻属包含一群可爱的植物，但它们却有一个十分吓人的英文俗名：deadnettle（死荨麻）。其实野芝麻属与真正的荨麻没有关系，野芝麻属没有刺，这也是叫它们死荨麻的原因。野芝麻属植物四棱形的茎暴露了其真实身份和薄荷类似，是一种唇形科植物。如果你靠近细看它们的花，会发现这些漂亮的兜帽状花朵和它们的亲戚鼠尾草、迷迭香的花朵很像。

大苞野芝麻，又名红花野芝麻，在很多地区它都是一种“冬季野草”。它略带酒红色的枝条隐身于阴沉沉的冬日，可它却为春天做好了准备，在某个阳光明媚的周末，让你突然发觉春意已然来临。当最早的一波水仙盛开，天空中的光线也变得明亮又清澈时，一转眼你的小小园地里就布满了这种美丽的小植物。它开出粉紫色的花朵，就像在向你吐着小舌头。而在阳光充足的地方，大苞野芝麻紫色调的叶子本身就已然魅力十足。它的植株高度会随生长地点和条件而变化，长在阳光曝晒的园地或田野中的大苞野芝麻，株高大约5厘米，要是长在茂密的树篱下，它能长到45厘米高。

大苞野芝麻的花形状就像小小的舌头，它鲜艳靓丽、色彩动人，若种在花坛和花境中，能与黄色番红花、水仙和葡萄风信子相映成趣，而且对蜂类也大有益处。对于刚从冬眠中苏醒的熊蜂来说，大苞野芝麻的花就是它们的命脉，毛茸茸、姜黄色的牧场熊蜂也对它情有独钟。它的花从正上方看像是一条舌头，但若靠近细看，你会发现它更像张开的嘴。大苞野芝麻毛茸茸的叶子带有紫色，越靠近植物的尖梢，叶片的颜色越深。它是一年生植物，一年可以长好几茬，虽然在夏天相对比较少见，但出现在夏季的植株会长得更大、株型更松散。

你可能还在花园里见过其他几种野芝麻属植物。最常见的是短柄野芝麻，即白花野芝麻，它是最像荨麻的物种，也是一种对蜂类有益的多年生植物，株高20～60厘米，经常与真正的荨麻一起生长在阴凉处。虽然二者的叶子非常相似，但短柄野芝麻有着漂亮的乳白色花轮，而荨麻长着奇怪的穗状柔荑花序，你可以由此轻松地辨别二者。短柄野芝麻的花期很长，从晚春一直开到冬天，是一种值得保留的野草。

紫花野芝麻（*Lamium maculatum*）的叶片带有银色斑纹，十分耀眼。它的花朵色泽鲜艳，也有许多具有园艺价值的栽培品种，例如紫花野芝麻“灯塔银光”（Beacon Silver），它洋红色的花朵甚是可爱，叶片光鲜亮丽，非常适合种在干燥阴凉的地方。野芝麻属植物也能食用：它的嫩芽可以用来做沙拉，长老一点的枝叶可以像盆栽香草一样用于烹调，加到汤、炖菜、意大利面这样的菜肴里。不过目前看来最棒的是短柄野芝麻的花，可以拿它们来装饰甜点，或者直接从植株上拔下花朵吸食甜美的花蜜，就像吸食盛花期后的忍冬花花蜜一样。

对页图 短柄野芝麻的花对蜂类大有益处，也能作为切花在花瓶中养很久。

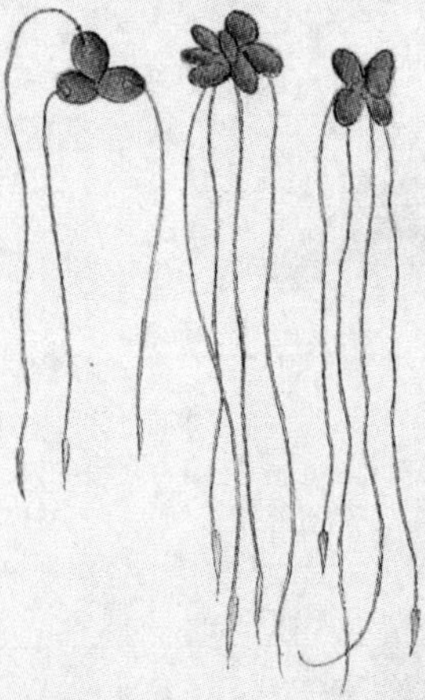

29

浮萍

Lemna minor

类别: 水生植物
科: 天南星科
用途: 食用
毒性: 无

浮萍似乎是一种人们所熟知的植物，但细想想，与它相关的每一件事都无比陌生，甚至让人难以置信：它是世界上最小的开花植物之一；它能让水面看起来像陆地；它甚至还能供人食用。

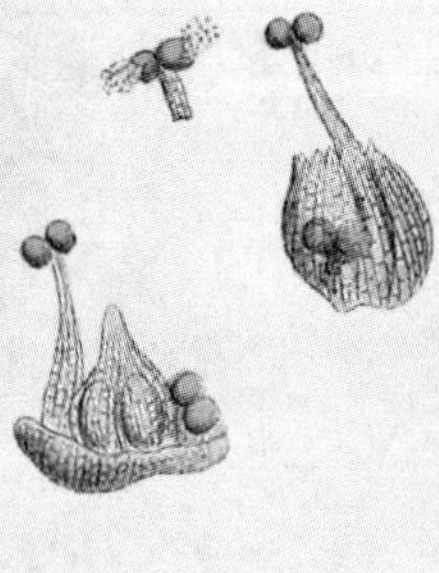

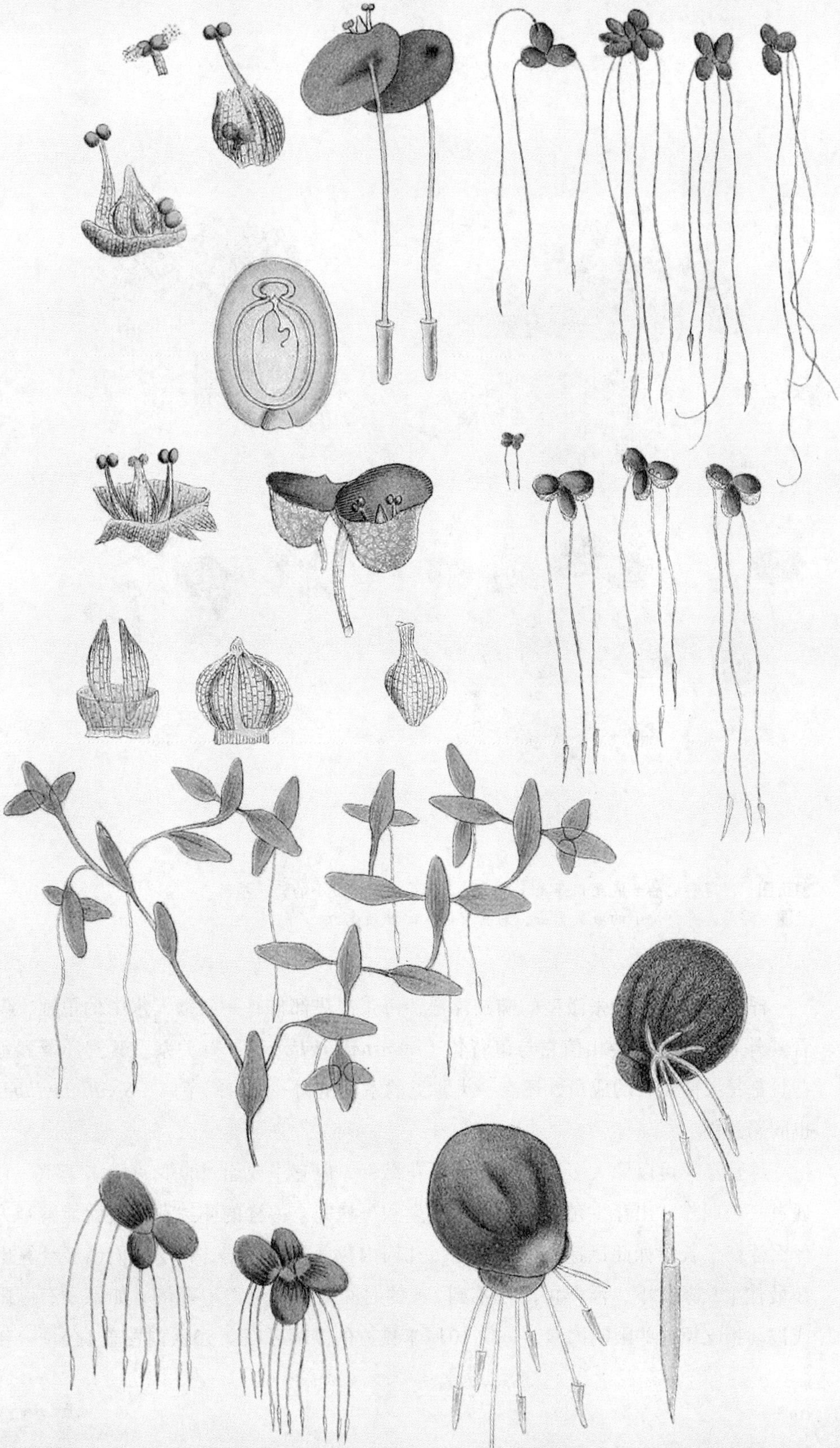

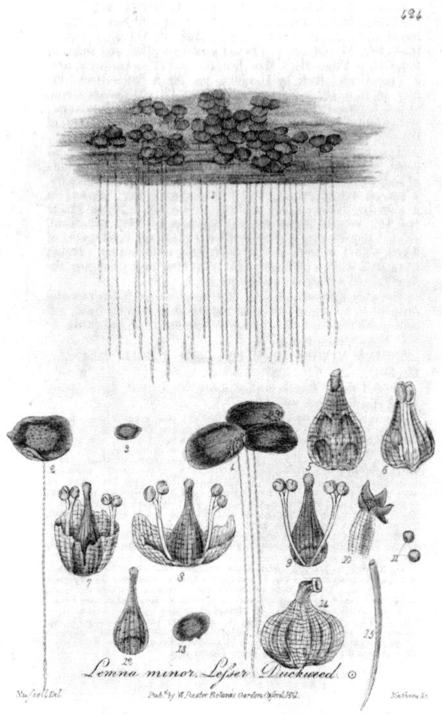

前页图 浮萍和它的亲戚无根萍属（*Wolffia*）都是世界上最小的开花植物。
上图 浮萍是身材娇小的威武勇士，它具有惊人的繁殖能力。

浮萍长得像一张张微型的椭圆浮垫，每张浮垫都带有一条垂入水中的单根，仅看其外表，你绝不会相信它与龟背竹（*Monstera deliciosa*）有关系。其实浮萍和龟背竹都是天南星科的成员，还有一类常见的室内植物——白鹤芋属（*Spathiphyllum*）也同属此科。

尽管浮萍可以像大多数植物一样开花结籽，但它主要通过自我克隆来繁殖。它通过一个叫作“出芽生殖”的过程，产生和母株完全一样的侧边芽。这就能解释为什么浮萍生长得如此迅速，可以在短短几周内覆盖整片池塘。科学家们已经计算出在最佳生长条件下，浮萍可以在不到2天的时间内将其生物量翻倍；如果没有遮阳或被动物吃掉这些限制因素，一块10厘米见方的浮萍可以在50天内覆盖1公顷。相当于在不到2个月的时间里，浮萍能从一个茶碟大小的面积长满一座英式橄榄球场*，数量足足增加1 000万倍！

这种在水面上生机勃勃的漂浮植物能够清洁水体，因此可以用在“植物修复”工程中，从而消除水中的工业污染物和农场排放污水中的过剩营养物质。

它还是水生食物链的重要环节，也能为许多水生生物提供庇护。如果把浮萍从池塘里捞出来，常常能看到这些蠕动的水生生物。浮萍甚至有助于减少水藻和蚊子幼虫的滋生。

利用浮萍的方法很多。你可以把它混到堆肥里，尤其适合那种含有很多干燥木质材料的堆肥。作为一种有用的永续农业**植物，浮萍可以用来喂鸡，当然也如其英文俗名duckweed（鸭草）所示，它是喂鸭子的优质饲料。浮萍也逐渐在人类饮食界赢得声誉，因为它的蛋白质含量很高，精明的商家给它起了一个新名字：水扁豆，其粉末还被用作蛋白质补充剂。不过浮萍含有草酸钙结晶，所以在食用前需要进行处理。

浮萍是一种聪明的小植物。它善于搭上候鸟的顺风车，因此除了沙漠和极地地区外，几乎世界上任何地方都有它的身影。浮萍生长在静止或缓慢流动的水中，常常会让一片静水池塘看起来像茂盛的草坪。不过它也能长在陆地上，在淤泥里和潮湿的岩石或石块上都能占有一席之地。浮萍不分茎、叶，这点竟然与习性喜旱的仙人掌一样，真是怪异。但这就是浮萍。

浮萍的古怪之处还不止于此。它的生命周期也很奇怪：当秋季温度下降时，浮萍会长出富含碳水化合物的芽，叫作“具鳞根出条”，之后便会沉到池塘底部越冬。当春天水温回升时，每个具鳞根出条都会排出一个气囊，让气囊带着它们浮回水面，这样植株就可以继续生长。浮萍用处广泛、与众不同，又几乎势不可挡，它那令人难以置信的生命力至少能为其赢得人们的些许尊重。

* 英式橄榄球比赛场地长约146米，宽约69米。——译注

** 又称“朴门”。指合理规划设计和维护有生产力的农业生产系统，使其具有生物多样性、稳定性和自然生态系统的自我恢复性。——译注

30

锦葵

Malva cathayensis

类别： 多年生草本

科： 锦葵科

用途： 食用、药用、观赏

毒性： 无

锦葵不仅可以食用，还能入药，同时具有观赏价值，算是一种对人类最为友好的野生植物。要是它的种植难度很大，人们可能反而总会去购买种植。但锦葵像个莽夫一样不请自来、肆意生长，就连人行道上的裂缝这样不体面的地方它都能立足，所以人们给它永久地贴上了“野草”这个标签。

锦葵的英文俗名叫作common mallow（常见锦葵），顾名思义，它是一种常见植物。锦葵经常出现在各种土壤干燥的地方，无论是人行道、荒地、绿化带，还是在小园地里和树篱下，它都能生长。锦葵的株高在30～120厘米之间，茂密的叶片长成丛状。

锦葵的开花能力惊人，花期跨越整个夏季，数月不辍。到了夏天，仔细观察锦葵，你能看到它每根茎的顶部都长着密密麻麻的花蕾，而每片叶子与茎相连的地方，还有一簇簇的花蕾，所以它才能花开不断。锦葵漂亮的五瓣花呈粉红色，带有暗紫色的条纹，深受小红蛱蝶和各种蜂类的喜爱。

锦葵的叶片呈掌状五裂，叶边带有漂亮的褶皱。锦葵入馔入药历史已久。它黏黏的根可制作药膏，敷在轻微的烧伤或刚产生不久的伤口上。锦葵叶制剂可用于治疗皮肤皲裂或干燥。想要利用其药性，最简单的方法可能就是在泡澡时加入一把它的叶子。另外也可以把它的花晒干泡茶，有舒缓安抚的功效。

现代科学已经证实锦葵含有强效的抗氧化剂、不饱和脂肪酸和许多人体必需的矿物质，同时还含有几种B族维生素和维生素C。地中海地区的国家经常在冬天用锦葵叶子煮汤，它的花也能食用，可用作饮品和各种咸甜菜肴的装饰，令人赏心悦目。

人们把没成熟的锦葵种子叫作“奶酪”，可以当作零食，直接吃或简单地油炸一下都可以。锦葵的种子略带一点坚果的风味，长在整齐、扁平的圆形蒴果中。蒴果被起保护作用的残留花萼包裹着，看起来像小小的南瓜模型。

锦葵科的家族成员众多，其中包括很多漂亮、速生、色彩丰富的植物，而且它们大多都可食用。蜀葵、木槿、苘麻、可可，就连秋葵都是锦葵的表亲。矮锦葵（*Malva neglecta*）的长势略逊，花朵也没有那么艳丽，专爱长在人行道、铺石路面这种地方，“野草”这个标签它受之无愧。麝香锦葵（*Malva moschata*）是一种美丽的本土野花，也是各种锦葵中园艺价值最高的。花葵（*Malva arborea*）是一种有意思的速生植物，它就像吃了生长激素的灌木状蜀葵一样，只需2年就能长到3米高。当你新建一座花园时，可以一边等待生长速度较缓的植物慢慢长大，一边和孩子们一起种下花葵这个生长迅速的有趣物种。无论是考虑它们的食用、药用、观赏价值，还是仅仅为了好玩，锦葵和它的亲戚们都绝对值得大家去了解。

对页图 锦葵的近亲包括好几种常见园艺植物，蜀葵就是其一。

31

同花母菊

Matricaria matricarioides

类别：一年生草本

科：菊科

用途：食用、药用

毒性：无

同花母菊的长相和气味都颇为奇特，它完美展示了一个物种是如何借助人类的习性，将自己发扬光大的。20世纪，人们对汽车产生了狂热的喜爱；短短几十年，滚滚车轮助力同花母菊走出邱园*，传遍英国各地。

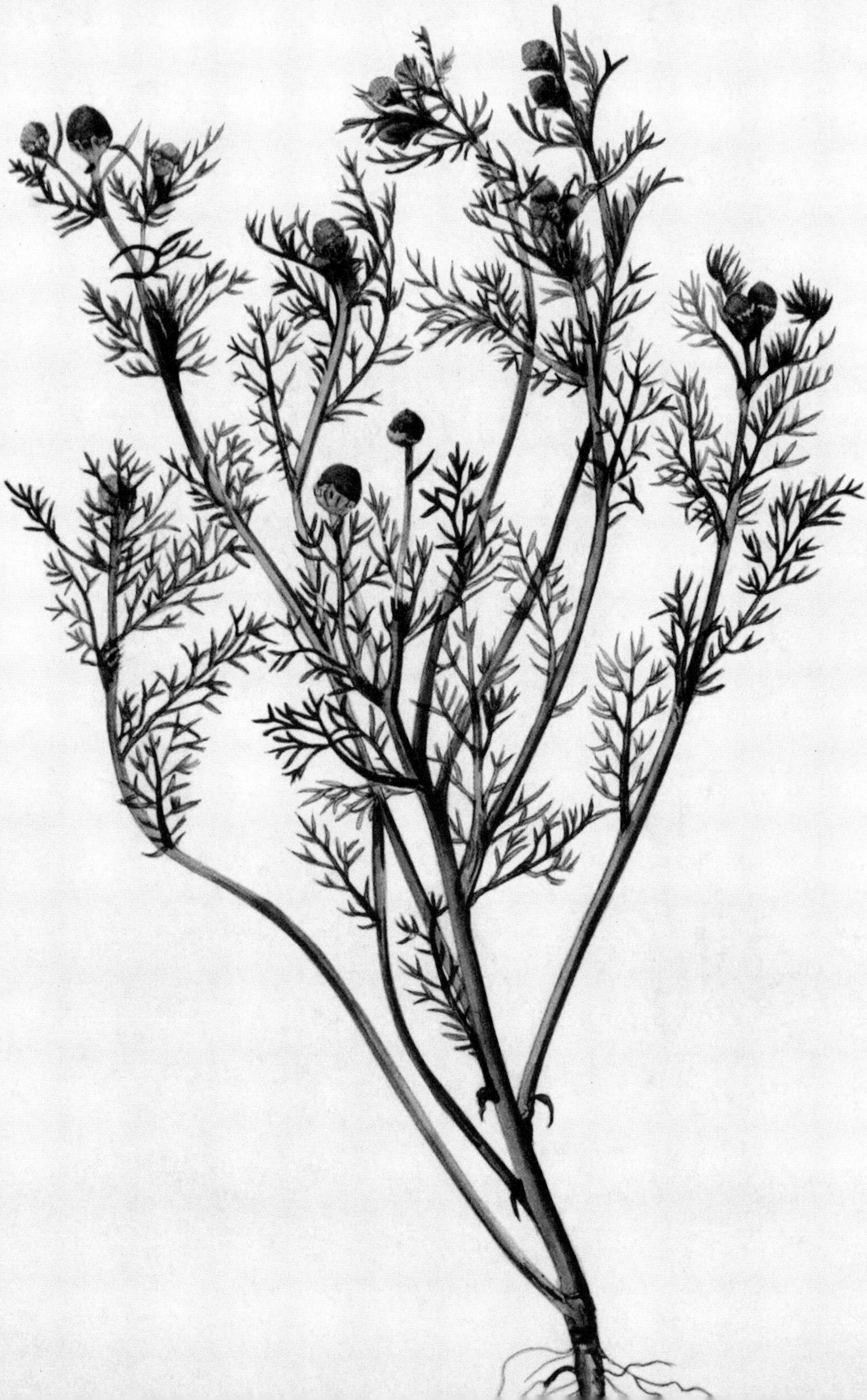

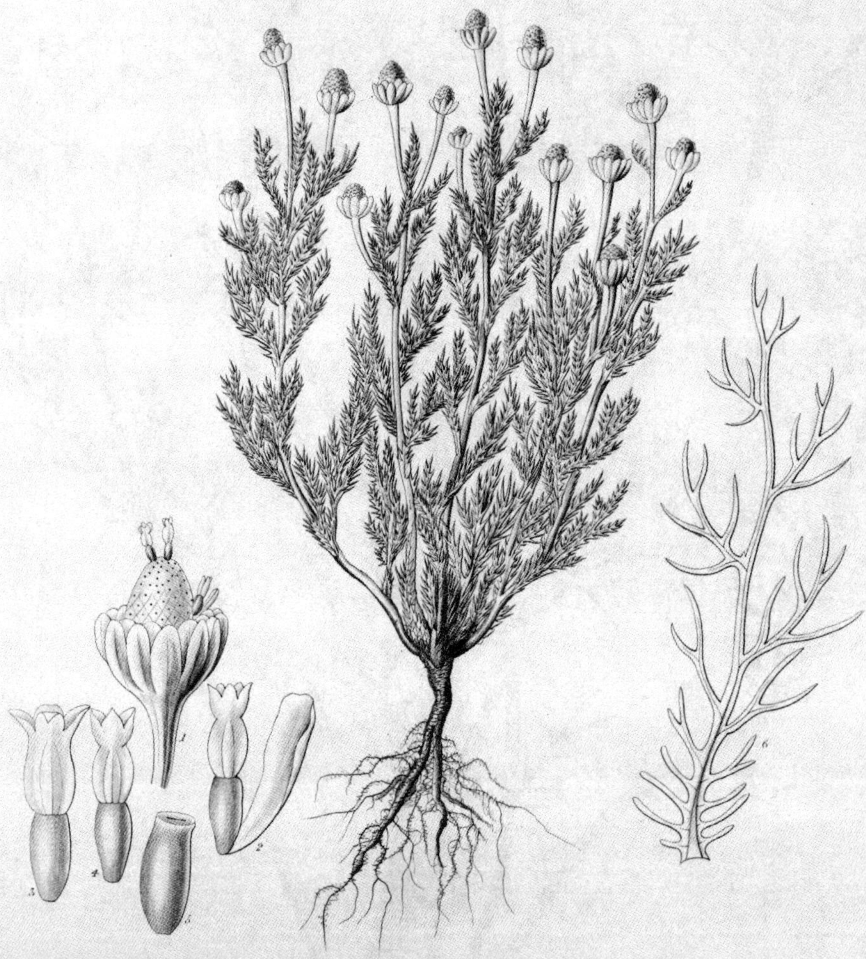

上图 尽管同花母菊看起来像是一种娇嫩的水生植物，但它在炎热干燥的地方也能安家。

同花母菊看起来非常像是一种水下植物，因为它的分枝很多，上面长满细小的深绿色羽毛状叶片，独特的外观就像海藻一样。而它造型奇特的花朵像是很多绿色小泡泡攒成的松果，和向日葵或菊花的花心质地类似，这使它的外观又带了些许超凡脱俗之感。

这不是巧合，因为作为菊科的成员（见第35页雏菊），同花母菊的花也是聚合花，看上去的一朵花，实际上是由许多小花组合而成。但同花母菊的花是无舌状花，所以它才会有一个俗名叫“无舌状花母菊”。边花是像向日葵外围一圈亮黄色花瓣那样的花，中间花盘上密集的小花叫心花（筒状花）。因此，同花母菊的无舌状花是没有花瓣的。不过虽然它没有能够吸引授粉昆虫的花瓣，但从5月到11月，在同花母菊漫长的花期内，它的花朵似乎依然吸引着蜂类和食蚜蝇前来造访。

同花母菊是20世纪传播最快的野草之一。据说它最早从邱园中出逃是在1871年，之后没过多少年人们就发明了汽车，它真是选了一个再好不过的时机。如果说汽车解放了人类，那么对同花母菊来说，汽车的出现则改变了游戏规则。同花母菊原本就很容易借由动物的蹄爪进行传播，而现在这些细小的种子突然有了轮胎这种格外有效的运输工具助力。在那个柏油马路还未出现的年代，曾有大片泥泞、紧实和空旷的土地可供其征服，同花母菊正喜欢长在这样的环境中。

碎石柏油马路的出现也没有吓唬住同花母菊。公路网的大规模扩张反而产生了大量生态受到破坏的闲置土地，等待着同花母菊的征服。而不断增加的汽车数量又为它的扩散提供了完美工具，在短短几十年内，同花母菊差不多占领了整个英国。如今除了难以企及的高山，它几乎无处不在。虽然同花母菊可以长到30厘米高，但它弹性惊人，即便被人踩倒，它也能再弹起来，看起来毫发无伤。

同花母菊的月桂气味源于月桂烯，月桂烯是香料工业中的重要原料，柠檬草、百里香和豆蔻中也含有这种芳香化合物。它的花是整棵植株上香气最浓的部分，最好在结种成熟之前采摘。如今人们已经不太会用同花母菊入药，不过曾经人们认为它有镇定作用，就像洋甘菊一样，可以当作祛风剂，还能用来对付寄生虫。

你可以用同花母菊的花和蜂蜜一起做成饮料，拿来冻冰棍或者做冰茶。品尝的人一定猜不出如此口味的冰品是用什么来做的。谁能想到这样的异国风味其实就潜伏在我们的脚下呢？

---

* 即英国皇家植物园。——译注

32

威尔士罂粟

Papaver cambricum

类别: 多年生草本

科: 罂粟科

用途: 观赏

毒性: 微毒

威尔士罂粟是英国的本土植物，它漂亮、喜阴、色彩丰富，于蜂类也有益，可人们并不会购买和种植它，反而要把它除掉。它不过是一种热情十足的植物而已，人们为此却将它当作野草来谴责，实在太可惜了！

真正优秀的园丁应该能够识别各种植物的幼苗，在决定要不要把它们除掉之前先评估其利用价值。威尔士罂粟会在各种犄角旮旯和缝隙中自播，而在背阴的地方，它往往又是非常有用的填充植物。对于这些不请自来的植物，即人们所说的“野草”，学会发现它们的潜在价值，不仅能为花园增色，还能减少园丁的工作量。

威廉·罗宾逊是维多利亚时代的园艺先驱，也是野趣园艺设计风格的早期倡导者。威廉对威尔士罂粟赞不绝口，说它“一年四季都欣欣然”“漂漂亮亮”，同时也赞扬它的叶片清新可人，并且“无论在何处都能不改本色”。不过，他也说过它是“意志坚定的拓荒者”，暗示了威尔士罂粟作为野草的潜能。

威尔士罂粟的一个异名为*Meconopsis cambrica*，虽然老家在山区，但它也对较低海拔地区的生活产生了兴趣。它的原产地包括西班牙西北部、法国、英格兰西南部和威尔士。威尔士罂粟鲜绿的裂叶能长成一堆，高达30厘米，而它的花和种荚可以长到60厘米高。

野生威尔士罂粟的花通常为黄色，中间有一圈毛茸茸的浅黄色雄蕊，围着雄蕊的四片明黄色花瓣皱皱的，质地就像雪纺布或皱纹纸一般。栽培品种有重瓣、半重瓣和橙色的，还有一种叫“佛朗西斯·佩里”（Frances Perry）的品种，花朵呈深邃的猩红色。种植这个品种的时候要注意远离黄色威尔士罂粟，否则其后代的小苗会渐渐不再开红花。橙花威尔士罂粟是自然形成的威尔士罂粟橙色变种，它灿烂的花在荫蔽处相当引人注目。

威尔士罂粟大大的花朵花型开放，花期从5月到9月，对授粉昆虫来说大有益处。与其他罂粟一样，威尔士罂粟的种荚也十分可爱，就像一个个被拉长的小胡椒罐子，近看造型感十足。要是你觉得就算好东西也不能贪多，只需在它的花朵凋谢的时候将残花剪掉，就能控制其结籽自播蔓延。如果你想通过播种来种植威尔士罂粟，需要注意它的种子发芽率不高，只能零星出芽；最简单的做法是在希望其生长的地方撒下种子，在接下来的12个月里注意观察就好。

威尔士罂粟喜欢生长在岩石缝隙里，这使它能够很好地适应和人类共处的生活。它经常出现在碎石路上和墙壁的裂缝中，这种习性让它非常适合种在硬质边界，以带来几分柔和的视觉效果。当新建一座花园时，如果想迅速打造出景观，你可以充分利用威尔士罂粟。它适合种在背阴的地点，与蕨类植物和玉簪搭配起来令人赏心悦目，尤其和蓝叶品种搭配时，蓝色的叶片会将橙黄色的花朵衬托得愈发美丽。也可以将威尔士罂粟与冬沫草、深黄假烟堇和蓝铃花种在一起，让这些春季野草共同奏响一首缤纷的黄蓝交响曲。

上图 威尔士罂粟的花瓣如皱纹纸一般，花朵精致娇弱，它绝对算是一种美丽的“野草”。

33

冬沫草

Pentaglottis sempervirens

类别：多年生草本
科：紫草科
用途：食用、观赏
毒性：无

冬沫草是一种可爱的植物，它的学名为*Pentaglottis sempervirens*，如果我们读出它的学名："来吧，来看我的Pentaglottis sempervirens"，听起来是不是像《哈利·波特》里迷人的咒语？学名中的Penta-glottis意为"五舌"，是指冬沫草的花朵有五片花瓣；semper-virens意为"永生"，是指它常绿的特征。

1
2
3
4
5
6
7
8
9
10
11
12

冬沫草的英文俗名green alkanet（绿紫草）也很有意思，其中alkanet（紫草）一词来自阿拉伯语的散沫花。人们认为，紫草和散沫花一样都是染料植物，散沫花虽然具有异国情调，但紫草更便宜，也适合家庭种植，可以用来代替昂贵的散沫花。

冬沫草也是一种狡猾的植物，一年中大部分时间都隐藏在人们的眼皮子底下。它的叶子和其近亲玻璃苣、紫草的叶子很像，坦率地说，这些绿色毛糙的叶子并不引人注目。冬沫草就这样静静地生长着、生长着，等待属于它的时机。

等到春天来临，这一丛丛平平无奇的植物突然抽出生机勃勃的穗状花序，高度可达1米，上面开满可爱鲜艳的蓝色花朵。冬沫草最早在3月开花，5月达到盛花期，花朵持续开放直到夏天。它的花色彩非常引人注目，虽然每一株的花色都略有不同、开花的几周时间内花色深浅也会有些许变化，但总体来说都保持了非常纯净的天蓝色，鲜有植物能与之媲美。

尽管冬沫草的花味道不怎么样，但也能食用，装饰在蛋糕甜点上或加到沙拉中都十分漂亮。它的花也深受野生动物们的喜爱，更是熊蜂的心头好。不过冬沫草开花后要及时修剪，以防它结籽自播，侵占周围的土地。

冬沫草略耐阴，为了躲开刺眼的阳光，它喜欢藏身于花园中比较背阴潮湿的地方。如果生长条件适宜，冬沫草会成为一种相当有入侵性的植物。它的根深深扎入地下，同时又容易折断，因此非常难以去除。想要彻底摆脱冬沫草，得一直往下挖，把整条根都挖出来才行。

如果你偏爱蓝颜色的花，但又想要一些入侵性不那么强的植物，不妨考虑考虑冬沫草的亲戚们。许多人第一次见到冬沫草的时候，会不自觉地将它和勿忘草属（*Myosotis*）植物联系起来，怀疑冬沫草是不是一种大型的勿忘草。人们产生这种联想的原因很好理解，因为二者都是紫草科的成员。不过冬沫草的花药是独特的白色，植株也更为高大，通过这两点可以轻易将它和拥有黄色花药的勿忘草进行区分。牛舌草（*Anchusa*）“洛登保皇派”（Loddon Royalist）是紫草科的另一个成员，无论是从其易于栽培的特性来考虑，还是从花朵的色彩来看，它都应该算是最适合种植的蓝花植物了。但牛舌草和勿忘草都没有冬沫草花期持久，冬沫草能在蜂鸣阵阵中无忧无虑地生长，将花开成一片蓝色的海洋。

对页图　冬沫草天蓝色的花朵和毛糙的叶子，让人很容易将其和它的近亲玻璃苣弄混。

34

大车前

Plantago major

类别：多年生草本	用途：食用、药用、观赏
科：车前科	毒性：无

不要以貌取人。大车前虽然像丑小鸭一样貌不惊人，却有许多可取之处。它可食用、可入药，甚至还能作为花园植物种植。

大车前是分解板结土壤的专家，哪怕你开车从它身上碾过，它也几乎不会受到影响。它非常耐践踏，常常长在小路和车道上，以及草坪的稀疏处和农场的大门旁。土壤板结实际上就是将空气和生命从土壤中挤压出去，是个非常严重的问题。而大车前是大自然用来应对这个问题的良药。因为它坚韧的纤维状根系能让板结的土层破碎，同时又能保护土壤免受未来可能发生的侵蚀。大车前强壮的根系能帮助它聚积钙和硫等有用矿物质，因此它是一种健康食材，若是长在牧场里也是对牲畜有益的饲料。

大车前受到踩压时，会把自己放平，只比地面高出几毫米；但如果它躲过了割草机的刀片，也没有遭到不断的践踏，就能长到10～15厘米甚至更高。它绿色的叶子宽宽的，整棵植株看起来有点像小型的玉簪。每株大车前都是一丛椭圆形浅绿色的叶片，这些叶子长在莲座丛中心的茎上。它的穗状花序上开满细密的小花，看起来就像一条尾巴，因此大车前才会有个俗名叫“鼠尾车前”，这名字就算不吓人，也足够另类了。它的花很快就能成熟结籽，种子则可以食用。

大车前吃起来不算可口，但它却有诸多功效，并且富含维生素A和维生素C，以及有助于血液凝固的维生素K。你可以将大车前的嫩叶放到汤、烩饭和意大利面中，因为它营养价值高，并且带有蘑菇的风味。如果生嚼几秒钟大车前，一开始你能尝到略微的苦味，然后会有一种明显的菌菇味充满你的口腔。不过需要注意的是，过量食用大车前会导致血压下降。

大车前和北艾（见第27页）一样，都属于盎格鲁–撒克逊人的九大圣草，它的药用价值延续至今。大车前的叶子具有抗菌性，是处理小伤口和擦伤的有效急救药。可以把它的叶子碾碎挤出汁液，然后直接涂抹在伤口上。大车前还可用于治疗蚊虫叮咬、刺伤、溃疡、斑点和皮疹。

识别大车前的一个方法是轻轻扯开它靠近基部的成熟叶片，如果是大车前，则叶片会断开，但叶脉却能完好无损，像条条线绳一样连着断了的叶片。在美国，有时候人们会将大车前叫作“白人的脚”，因为当欧洲的白人向西挺进美洲大陆内部时，大车前紧紧跟随他们的脚步。白人干扰和破坏了美洲的原生生态环境，也在无意间带来了大车前的种子。

如果大车前直白的美不足以引起你的兴趣，它也有许多观赏性品种。大车前“红叶”（Rubrifolia）和“罗苏拉瑞斯”（Rosularis）酒红色的叶片妩媚动人。“鲍尔斯的变体”（Bowles' Variety）的花其实是奇怪的绿色苞片，这个植物学上的小怪物足以成为花园中的谈资。大车前还有几个变色品种可供选择，如果你的花园里闹蛞蝓，可以种它们来替代小型宿根花卉。

下图 大车前实用又强韧，是干燥、板结土壤环境中常见的野草。

35

夏枯草

Prunella vulgaris

类别： 多年生草本

科： 唇形科

用途： 食用、药用、观赏

毒性： 无

夏枯草的学名叫作*Prunella vulgaris*，听上去似乎很适合作为植物主题变装皇后的名字*。但它究竟是敌是友？是野草还是野花？有些喜爱整齐划一、像滚球场草坪的人或许不待见夏枯草，但对其他人来说，它有很多值得喜欢的地方。

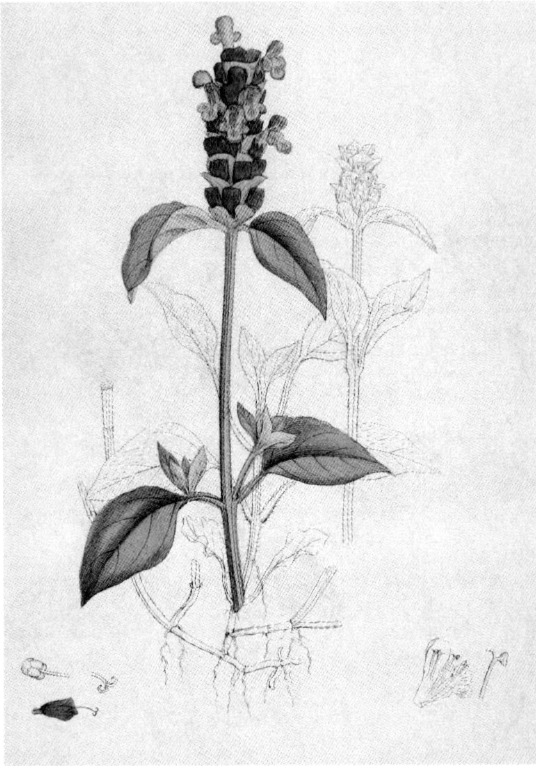

左图 鲜艳的夏枯草花对野生生物极富吸引力。

夏枯草的美细看之下才会显现出来。结构复杂、散发着紫铜色光泽的花穗上长着灵动的紫色小花，颇受蜜蜂青睐。夏枯草等植物让人相信，把草坪变成野花草甸不失为一种高明的选择。

夏枯草是一种蔓延、伏地生长的多年生草本植物，喜欢湿润的土壤。它具有唇形科植物的很多共性，如茎四棱形、叶子交互对生、轮伞花序这些典型特征。夏枯草花的颜色差异大，有蓝紫色、白色，偶尔还会冒出粉色。它的花期很长，可从晚春一直开到秋天。

如果任由夏枯草生长，它可以长到30厘米高。像很多已经适应草坪环境的野草一样，为了躲避伤害，它也可以小到只有5厘米高。夏枯草的花色深浅、花穗饱满与否似乎和周围环境有关，比如，如果没有割草机的威胁，它开出的花就更大，因为有时间充分成熟，花萼的颜色也会更深。只要给夏枯草一个机会，它能把美展现得淋漓尽致，而你也正好借机将割草机闲置在工棚。如果你喜欢夏枯草但又希望它更惹眼一点，可以尝试种植大花夏枯草（*Prunella grandiflora*），顾名思义这是个大花

右图 茎呈四棱形而且叶片芳香，表明夏枯草是唇形科成员。

种，比夏枯草更具观赏性，很适合种在花境里，花色有粉红、白色和紫色。

夏枯草整株都可食用，嫩叶可用于沙拉或当绿叶菜烹饪（与菠菜的烹饪方法相同）。不过它历来主要是作药用，比如制成药膏用于治疗皮肤感染或被荨麻蜇后的外敷。喉咙痛、发烧、腹泻、肝脏以及心脏有问题时也可用夏枯草茶来治疗。现代化学分析证实，夏枯草中所含的熊果酸具有抗氧化、消炎和防癌的作用。

夏枯草的英文俗名为self-heal（自愈），因为它主要用作创伤敷料，具有抗菌、止血的疗愈作用。若你被轻度割伤或划伤，可将叶子、茎秆、花用水泡软，大致捣成糊状后敷在伤口上，再打上石膏或用纱布包裹并定时更换。用夏枯草的叶子和花泡茶，放凉后漱口，可以治疗喉咙痛和口腔溃疡。有些人进一步解读了夏枯草在改善人类身心健康方面的作用，他们认为，夏枯草有助于放松喉轮，鼓励人们直言不讳，说真话。

* 夏枯草学名的读音与美国一档2009年开播的变装电视节目*RuPaul's Drag Race*类似，即鲁保罗变装皇后秀。——译注

36

深黄假烟堇

Pseudofumaria lutea

类别: 多年生草本	
科: 罂粟科	
用途: 观赏	
毒性: 大量服用会中毒	

深黄假烟堇有一个俗名叫“岩紫堇”，无论是其字面含义还是隐喻，都透露出它是个悄然生长在裂缝中的漂亮小可爱。深黄假烟堇在石头墙缝里如鱼得水，游荡在“园艺植物”与“野草”之间。

对页图和右图 深黄假烟堇看似娇弱，但其实足够皮实，可以在墙缝里生长。

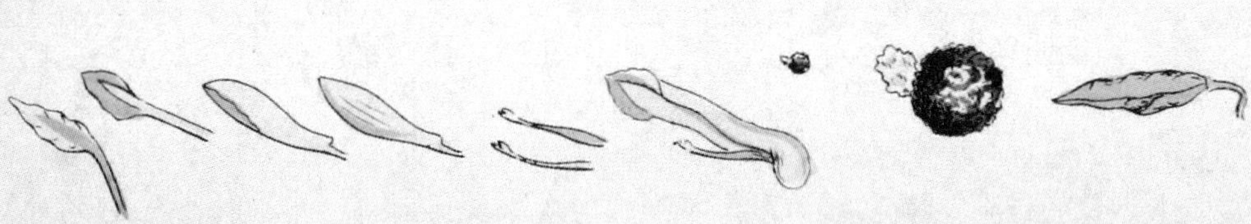

深黄假烟堇的最大问题是它常常不请自来。它长得非常漂亮，完全值得作为一种园艺植物种植，可人们不得不对它存有防备之心，这委实有点遗憾。凑近细看，它和另一类花园里常见的野草——烟堇属（*Fumaria*）植物很像，所以它所在的假烟堇属学名叫*Pseudofumaria*。它的英文俗名fumitory来源于古英语，这个词也是现代英语中fume的词根，意为“烟”，指假烟堇那极为精致的灰色叶子远看就像一团团烟雾一样。

尽管深黄假烟堇看起来不飘逸，但仍然精致、漂亮得足以成为园艺植物。它像蕨叶一般的常绿叶子堆积在一起好似云朵，株高和冠幅可达40厘米，但在墙缝里只能长到一半大小。深黄假烟堇开漂亮的黄色花，一簇簇硫黄色的花距在开口处渐渐变宽，还晕染上了更深的类似蛋黄的颜色，观赏期一直从5月到8月，甚至持续到秋天。

除了会自播，深黄假烟堇各方面表现都很好，能在荫蔽处健康生长，而且轰轰烈烈开花之后便自行枯萎。它的小苗很容易识别，也很容易拔除，似乎也不太有病虫害。虽然有时候生长状况会受到夏季极端高温和干旱以及冬季多雨天气的影响，但最终它会找到适合生长的地方，开得到处都是。

深黄假烟堇原生于阿尔卑斯山南部和东部山麓，在欧洲花园的种植历史已有几百年。近年来，它的领地不断扩张，或许是因为气候变化，也可能是因为人类永不满足的欲望而导致土地破坏后出现了越来越多的建筑和墙壁，从而给它提供了生长环境。深黄假烟堇尤其喜欢生长在老旧墙缝里，还会把种子散播在人行道铺面的缝隙间、光秃秃的石质地面，以及废墟的砖瓦砾中。

深黄假烟堇是罂粟科的一员，同科中包括很多漂亮的园艺植物。开蓝色花的紫堇属（*Corydalis*）植物，既漂亮又不像深黄假烟堇那样会大量自播，其中极为漂亮的就是紫堇“托利MP”（Tory MP）*，它蓝得纯粹，而且花开着开着颜色会变得更深，所以它的育种者就给它起了这个俏皮的名字。深黄假烟堇的其他近亲还包括荷包牡丹［现为荷包牡丹属（*Lamprocapnos*），以前归在马裤花属（*Dicentra*）］，两者的花色同样鲜艳，叶子和花也都纹理复杂、质地柔软。

* Tory MP指英国的保守党议员，保守党发展自Tory（托利党），蓝色是保守党的代表色，以区别工党的红色。——译注

37

欧洲蕨

Pteridium aquilinum

类别: 多年生草本

科: 碗蕨科

用途: 食用(有争议)

毒性: 部分有毒

人们难免会用各种极致的形容词来描述欧洲蕨。它是不列颠群岛上最大型的本土蕨类植物，也被认为是英国唯一最常见的野生植物。欧洲蕨也是世界上分布范围最广的植物之一，除南极洲之外，各大洲均有生长。

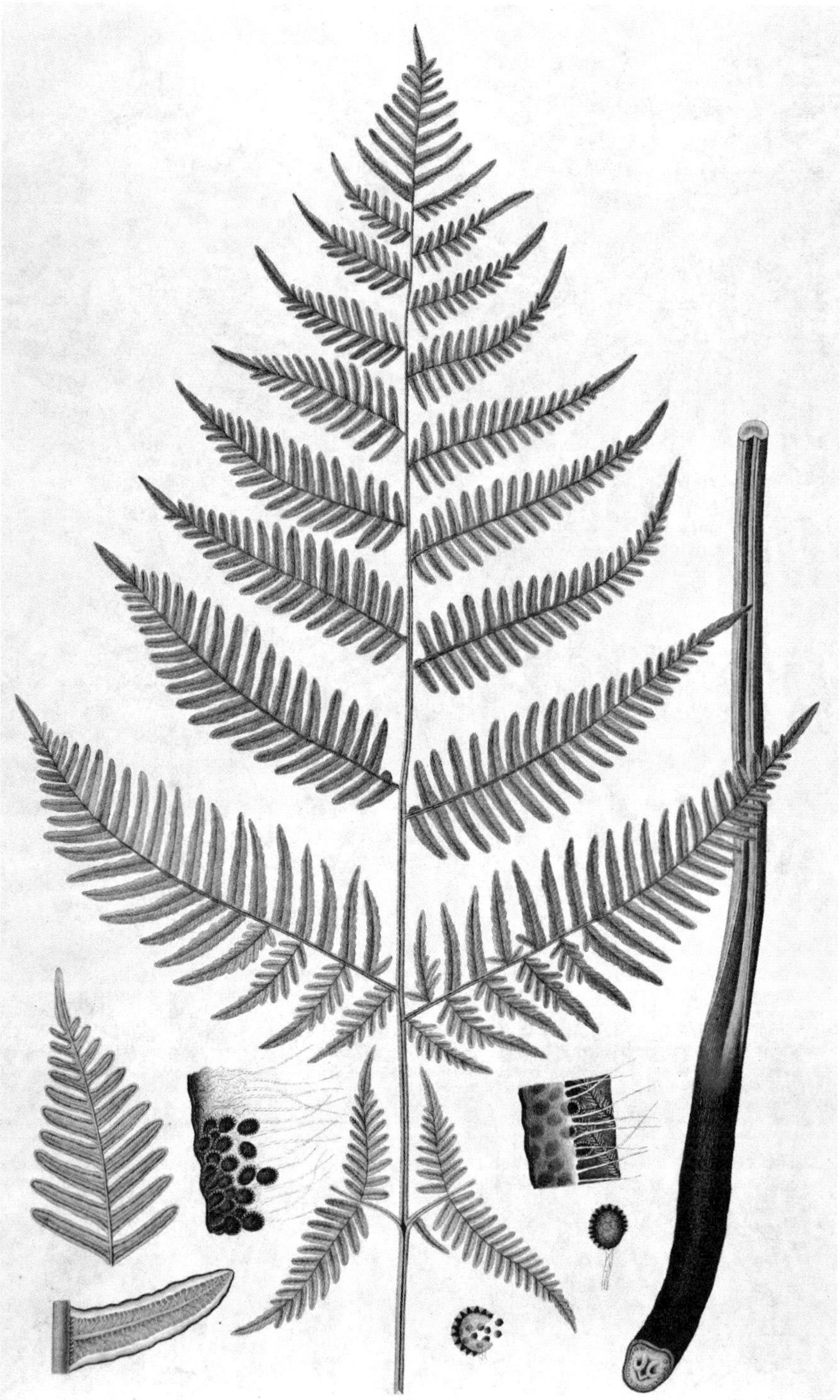

欧洲蕨是种非常古老的植物，至今已在世界各地生长了几千万年。它始终存在争议。英国高沼地上的农民憎恨它，因为它正在侵占越来越多的牧场。植物学家、作家肯·汤普森说："如果欧洲蕨不是英国本土的，它就会被认为是种让国家处于险境的植物。"但对绝大多数生活在城镇的人来说，这种蕨美得独一无二。

虽然有记录显示欧洲蕨的叶子能长到4米长，但在林地里往往只能长1.5米，在开阔的荒野里长到1～1.2米也很常见。它完全不同于其他英国本土蕨类植物，高高的直立型生长茎不是从一个主根上长出来的，它的地下部分有多个生长点，茎叶会在冬天枯萎。

春日里，亮丽的绿色卷芽慢慢舒展，翠绿的叶在夏季形成茂密的冠，到了秋天又变成暗橙黄色，所以在很多地区，欧洲蕨都是乡村风景的重要组成部分。连绵一片的欧洲蕨看似无聊，但它非常有助于某些野生动物的生长，如蝰蛇和鸟类。欧洲蕨后期萌发出的茎叶形成天篷似的树荫，在缺少树木的地区，包括蓝铃花和丛林银莲花在内的野花常常把它当作林地树冠的替代品而在其下生长。欧洲蕨喜欢酸性、排水通畅的土壤，常常和各类松树以及帚石南伴生。

欧洲蕨会散发出类似杏仁的香味，哪怕出现一丝丝这种味道都会立刻让你有种置身野外的感觉。奇怪的是，这么皮实的一种植物却似乎很少在城镇生长，所以大多数人需要专门利用假期，辗转旅行到乡间，才能有机会欣赏欧洲蕨。

在远东地区，欧洲蕨的嫩叶（即卷芽）被做成各种菜肴食用，如韩国的石锅拌饭。欧洲蕨的根状茎中含有淀粉，从北美到欧洲，以及日本等原产地国家的许多饮食文化中都有食用传统。但这种植物含有致癌物质，所以，至少在很多西方国家，它的食用性仍存争议。

如果你想处理掉欧洲蕨，不要徒手拔，不然会把手割伤。反复踩踏刚冒出头的叶子能有效削弱并最终阻止欧洲蕨的生长。虽然它可能是花园里的野草，但仍然有多种用途。叶子经堆肥后是非常有效的土壤改良剂，也可用来给花园里的植物当护根物。新鲜或者晾干后的欧洲蕨可以当牲畜的垫料，同时也是一种环保的包装材料。

用刀把欧洲蕨的茎秆基部切开后会呈现出奇妙的图案，对此有多种象形说法，有的被比作双头鹰，有的说像英文中Jesus Christ（耶稣基督）的首字母缩写JC。欧洲蕨学名的种加词*aquilinum*来源于拉丁语中的aquila，意为"鹰"；此外，它的很多俗名都是用来指代这些奇怪的图案。

对页图 欧洲蕨看似普通但具有一种结构美，值得我们仔细观察。

38

毛茛属
Ranunculus

高毛茛（*Ranunculus acris*）

金发毛茛（*Ranunculus bulbosus*）

匍枝毛茛（*Ranunculus repens*）

类别：多年生草本
科：毛茛科
用途：观赏
毒性：有

各种毛茛开的花就像小孩子笔下的花——天真简朴又令人愉悦，它们在草甸、草坪、路牙子上洒落点点金黄。那灿烂、纯净的黄色花朵开得肆意又热闹。这类花可能微小普通，但它们那醒目的颜色和高度的反光都是令人惊叹的工程学成果。

毛茛属植物的花瓣表面极其平整，有里外两层，这种特殊的结构就像一面镜子，能够反射紫外线以吸引传粉昆虫。花瓣的排列方式也起到了类似抛物面镜的作用，将红外光线反射到花朵的中央，让它慢慢升温来吸引昆虫，从而增加授粉的机会。

几个世纪以来，人们一直为毛茛花能够反光的特点而着迷，因此产生了一个流传甚广的传说，即把一朵毛茛花放在下巴下面，如果下巴反光说明你喜欢黄油。遗憾的是，这个现象只能说明你没长胡子罢了。

类似的花瓣可反射光线的植物还有榕毛茛属，它们也是毛茛科的成员，同科成员还有铁筷子属（*Helleborus*）和铁线莲属（*Clematis*）。毛茛属的学名源于拉丁文，意为“小青蛙”，和青蛙一样，它们喜欢生长在潮湿的地方。

高毛茛是毛茛属中长得最高的物种，有时可长到1米甚至更高，喜爱厚重的土质。金发毛茛比其他品种更耐干旱，所以在英国南部和东部更常见。而匍枝毛茛，名副其实地会爬行，像草莓植株那样，能通过匍匐茎蔓延开。

高毛茛有几个开重瓣花的栽培品种，作为园艺植物既漂亮又特别。它们的枝条

纤细、轻盈，花色明艳，可以和其他植物，比如西伯利亚鸢尾搭配种植。这些栽培品种依旧保留了野生品种随遇而安的天性，但因为是重瓣花，所以不太可能结籽自播，不至于四处扩散让人讨厌。花园里种植毛茛的栽培品种由来已久，多年来赢得了一些可爱、复古的商品名，比如“法国美人”“奶油纽扣”。

毛茛属的所有物种都有毒，如果人或食草动物食用就会中毒。好在它们有苦味［高毛茛学名中的*acris*表明其有辛辣味（*acrid*）］，能起到警告作用，所以中毒的情况很少见。而且干燥能分解毒素，所以即使生产干草的草地上有毛茛属生长也问题不大。

毛茛属花量充沛，是各种传粉昆虫，如野蜂、食蚜蝇、蝴蝶、甲虫等的圣地，5月到6月是盛花期，而匍枝毛茛可持续开花到12月。

学会以野草为工具来指导园艺是一项宝贵的技能。如果草坪上长了匍枝毛茛，往往意味着土壤太潮湿，所以矮生野草无法茁壮生长。此时你可以选择喷洒除草剂保持干燥，以追求完美如草地滚球场一般的草坪。但这么做会杀死其他野生生物，也会为自己带来巨大的工作量。或者，你也可以聆听自然的呼声，将割草机闲置在工棚里，静观草坪变成开满漂亮花朵又生机勃勃的野花草甸。有时候，让大自然替你打理花园是回报率最高的园艺活。

对页图　在这张由莉莲·斯内林于1901年绘制的野花组图中，金发毛茛占据显要位置。
上图　开重瓣花的栽培品种毛茛。

39

虎杖

Reynoutria japonica

类别: 多年生草本
科: 蓼科
用途: 食用、药用
毒性: 无

虎杖无疑是种非常引人注目的植物：它在春天冒出一根根深红色的枝条，很快就会变成1.8米甚至更高的灌木丛，枝叶茂密。它的叶片呈心形，茎长成“之”字形；到了秋天，植株上会缀满一串串乳白色的小花。

威廉·鲁滨逊是维多利亚时代野趣园艺风格的先锋人物，他曾经相当迷恋虎杖。在他1870年的著作中，他称赞虎杖“确实非常漂亮”，是“秋日里最绚烂的花”。但他也曾警告过大家，说虎杖的枝条“肯定不把自己当外人”，不过事后看来，这种警告多少有点轻描淡写。1880年代，有报告显示，在虎杖从花园中逃逸仅仅几年后，就已经在南威尔士的荒地上肆意生长。到1960年代，虎杖在大不列颠全岛疯长，从最西南端的兰兹角一直蔓延到苏格兰的北部。

但这也不足为奇，在“最坏野草”的竞争中，虎杖的排名相当靠前。它体型巨大，能挤占其他植物的生存空间。它很难清除，即使只残留极细小的一段，仍会再生。它还会破坏柏油路面，轻易就能让路的铺面拱起来。

如果用农药根除虎杖，用量实在难以为继，英国已为此花费了16亿英镑。它已在这里扎下根了，在经济上和环境上都行不通。幸运的是，目前为止虎杖主要生长在人为产生的栖息地上，就是那些人为侵扰所形成的生态空地。

大自然回应着人类在地球上留下的各种创伤，而虎杖的泛滥就是它所做出的最快速、最尖锐的反应。虎杖的据点大都在城区，尤其在铁路沿线以及建筑废墟上。在它的自然栖息地日本，虎杖是新形成的火山熔岩上最早出现的拓荒野草之一。它是开启这一进程的先锋，不过把贫瘠的黑色火山岩转变成肥沃土壤的进程实在是缓慢悠长。不管是在北海道的火山熔岩，还是在伦敦霍克斯顿废弃的停车场，造成虎杖出现的原因都一样。

虎杖是蓼科家族的一员，蓼科的学名Polygonaceae意思是“有多个角或多个关节”。大多数蓼科植物有明显的茎节，虎杖也不例外。蓼科的其他成员还包括波叶大黄、荞麦、酸模等。观察虎杖的茎秆和花的形状，很容易发现它和酸模的相似之处。

和蓼科的其他成员一样，虎杖可以食用且富有营养，但仍需谨慎对待。在日本，虎杖的嫩芽被视作一种美馔，因为它含有大量的白藜芦醇，所以人们认为它有益健康。白藜芦醇是一种具有抗氧化作用的化合物，但其是否能治疗癌症尚在研究中。不过，未经许可运输虎杖是非法行为，也千万不要把含有虎杖的厨余垃圾用来堆肥；另外，虎杖上可能还有残留除草剂。因此，最好还是不要食用它。

注意事项：在英国，虎杖是名副其实的不法之徒。根据《野生生物和乡村法案（1981）》，种植虎杖或致使其在野外生长属于刑事犯罪。想要清除虎杖，最好请专业机构处理。不建议自己挖除或修剪虎杖，因为这么做会导致它进一步扩散。

上图 维多利亚式花园中，虎杖凭借优雅的枝型争得了一席之地。

人类能否把虎杖当作野菜食用尚有争议，蜜蜂却没有这样的烦恼，它们超爱虎杖。虎杖开花的时间对蜜蜂极为有利，正好填补了夏季野花与秋季常春藤流蜜期之间的空白。在美国西北部的俄勒冈州，虎杖蜂蜜是当地的一种特产。

从破坏庭院地面，到为人类抗击癌症作贡献，再到帮助陷入困境的蜜蜂，虎杖是一种亦正亦邪、适应力强、又有点可怕的植物，不管怎样，它都值得我们尊重。

40

黑海杜鹃

Rhododendron ponticum

类别：灌木

科：杜鹃花科

用途：观赏

毒性：有

用高大、醒目、漂亮来形容黑海杜鹃再贴切不过。它是野草界的一个超级恶棍，是具有明确入侵性的非英国本土植物。

黑海杜鹃不是英国本土植物吗？有化石证据表明，在最后一个冰期来临前，它就已经在英国自然生长了，但冰盖的前移又将它推回到伊比利亚半岛和土耳其，并形成两个独立的种群。有一种观点认为，如果当初英吉利海峡不变宽，黑海杜鹃可能最终将回归英国。

现在的我们恐怕难以想象，以前杜鹃属植物可是超级明星植物。18世纪末到19世纪，对外商贸的增加打开了外部世界的大门，大量新植物的引进也引发了英国和欧洲的园艺革新。拥有最新的异域植物是当时的时尚潮流，而各种既高大又艳丽、可以户外种植的杜鹃深受人们喜爱。现在我们认为这一切都理所当然，但在19世纪，杜鹃属植物对园丁影响巨大。

在英国缺席了数千年之后，黑海杜鹃于1763年重新回归，结果立即受到了乡村贵族们的欢迎。他们把它种在庄园里给野鸡筑窝，然而，黑海杜鹃却另有想法。像其他非本土植物一样，最初几年它表现得体，给人一种很安全的错觉，但随即它就跳出庄园的桎梏，前往更广阔的乡间。

这一跳就是飞跃呀！据估计，现在黑海杜鹃的栖息地已接近10万公顷的林地面积。它的繁殖能力堪称传奇，枝条落地生根即成一棵植株，而单棵植株就能占据超过100平方米的面积。除此之外，它能通过化感作用*抑制附近植物的生长，还会产生大量细小的种子，传播到离亲本1千米以外的地方。这个物种已在多雨的英国西部以及爱尔兰造成了极为严重的危害，它入侵林地，排挤其他植物，就连各种稀有的苔藓和地衣也不放过。

黑海杜鹃开紫色的大朵花，土耳其也是它的原产地之一，在土耳其郁郁葱葱的黑海森林一带，它被称为“森林蔷薇”。奇怪的是，有些黑海杜鹃的花蜜是有毒的。倘若有人食用蜜蜂采集有毒黑海杜鹃花蜜后酿成的“土耳其疯蜜”，会产生幻觉，出现恶心、昏厥和其他不适症状，但偶尔人们也会服用这种“疯蜜”以自娱，有时候它还会被当作壮阳药。幸运的是，花蜜有毒的特性在入侵种群中不那么普遍，大约有20%的黑海杜鹃的花蜜中不含有毒物质。

撇开生态上的考量不谈，黑海杜鹃盛开时的景象可谓美不胜收。这种叶片油亮的常绿灌木往往能长到8米高，5月到6月间会开出大朵粉紫色的花。和其他杜鹃花属植物一样，它只能在酸性土壤中生长。所以如果你在当地见过黑海杜鹃，也就意味着你可以在花园里随心所欲地种植蓝莓、帚石南、山茶等植物。黑海杜鹃是本书中唯一一种学名和英文俗名相同的野草，或许是勉强表示对这种迷人又美丽的危险植物的尊重吧！

上图 醒目、漂亮与邪恶并存的黑海杜鹃离开它的原生栖息地之后就成了真正的植物流浪者。

* 指植物通过向体外分泌代谢过程中产生的化学物质，对其他植物产生直接或间接影响的现象。——译注

41

黑莓

Rubus fruticosus

类别: 灌木

科: 蔷薇科

用途: 食用、药用

毒性: 无

黑莓是种令人困惑的植物。一方面，它是产量丰富、含有很多有益健康元素的美味水果；而另一方面，它又是全副武装、令人生畏的植物勇士，随时准备把你划得遍体鳞伤，还要占据你的花园。但退一步，或者站在更高的层面上看，黑莓的这些刺其实扮演着重要的生态角色。

黑莓的“盔甲”让人印象深刻，有时候被称为大自然的铁蒺藜。它连叶子的背面都长了刺，这些尖刺起着重要作用。多刺的黑莓丛是自然界中幼小生灵的避风港。小型鸟类、哺乳动物甚至小树苗都能在黑莓地里找到避难所，从而免遭食肉和食草动物的伤害，因此有“荆棘是橡树之母”这句老话。由此可见，黑莓是森林自然循环的重要一环。

黑莓是种生机勃勃的木质化藤本植物，可长到3米甚至更高。带弯钩的刺帮助它攀缘，保护它不被吃掉。在气候温暖地区，它常常表现为半落叶状，冬天也能保留一些叶子。初夏时，黑莓会开漂亮的粉色或白色花，花瓣5片，花朵中心处是密集的雄蕊，就像一朵迷你蔷薇，这说明黑莓属于蔷薇科。

从植物学角度来讲，黑莓就是纠缠交错的荆棘丛。荆棘的存在让统计英国以及其他欧亚大陆温带地区原生植物的确切数量变得困难。植物分类学家很难就黑莓归属问题达成一致，所以它被归到由300多个地理小种组成的“物种群”中。采摘黑莓时你会发现，不同地方的黑莓大小、形状、口感差别很大。

采摘黑莓的行为可能是人类唯一保留的吃野生食物的习惯。黑莓果实完全成熟后就不再那么油亮，而且会很快变软。传说要在9月的圣米迦勒节*前采摘黑莓，不然魔鬼会在这天晚上往果实上吐唾沫。不管沾没沾过魔鬼的口水，在北半球地区，黑莓果实的口感肯定在8月最佳。

为防止鸟类捷足先登，你也可以提前采摘青果腌制后食用，或者用未成熟的红果制作稀果酱或蜜饯。你也可以自己种黑莓：有些品种果大且味道非常好，如“卡拉卡黑”（Karaka Black）以及“黑布特”（Black Butte），另外还有无刺品种。若在小型花园里种植黑莓，用园艺铁丝作牵引，贴墙或篱笆种植，可以有效节省占地面积。

黑莓是非常有益健康的水果，含有很多抗氧化物质、膳食纤维、维生素C和维生素K。所含的一些化学物质可以预防老年性心血管疾病，降低罹患癌症的风险。所幸冷冻黑莓的口感极佳，这样就能在夏天果实产量过剩时储存起来以供全年享用。如果不太计较健康因素，也可以用黑莓来制作果酱和果冻。所以如果你将来看到一块黑莓田，少想它多刺糟糕的一面，多想想它作为食品来源、对野生生物友好的那一面吧。

对页图 黑莓的花很漂亮，深受蜂类喜爱。细看就会发现它是蔷薇科的成员。

* 即每年的9月29日。——译注

42

酸模属

Rumex

钝叶酸模（*Rumex obtusifolius*）

皱叶酸模（*Rumex crispus*）

类别：多年生草本

科：蓼科

用途：食用、药用

毒性：无

人类把大自然搞得一团糟后，酸模属植物率先做出反应，它们的根又深又牢固。在土壤被踩实的建筑工地、道路工程等造成的污泥坑中，含氧量不足导致鲜有植物生长，但酸模属却游刃有余。它们强壮的根系很深，不费吹灰之力就能穿透板结的土壤层。等到它们枯萎的时候，土壤已经变得疏松，又能适合其他各种植物生长了。

酸模属植物深绿色的叶很漂亮，因而深受人们喜爱。很多人在被荨麻蜇了以后，会把酸模叶子按压在皮肤上以获取清凉的感觉，或者用它的汁液涂抹在被蜇处，汁液蒸发后也会感觉凉凉的。或许这只是安慰剂，因为没有科学证据表明这么做有什么作用，但一想到这种民间偏方在21世纪依然幸存，还是挺令人感动的。

酸模属植物的花花被片较小，和它们的种子一样都带有一种静态的、略有点吓人的美。快到夏末时，绿色的花序泛出浓郁的橙红色，枯萎后又变成深棕色。如果你有胆量将酸模一直种到结果，就会发现它的果实细看像一个个三角形的小灯笼，里面各含一粒种子。酸模种子的活性可长达60年甚至更久，虽然会被鸟儿吃掉很多，但仍有大量种子会发芽、生长。很多飞蛾也喜欢在酸模上产卵，每年夏末，它们孵化的毛虫都会在酸模的叶子上大快朵颐。

钝叶酸模和皱叶酸模都可以长到约1.2米的高度，而根系也能深抵土壤下1米处，两者都是蓼科（Polygonaceae）植物，和酸模（*Rumex acetosa*）的亲缘关系较近。它们都可食用，只要轻咬一口叶子，立刻就能尝到浓郁的柠檬味。它们的叶子都富含维生素和矿物质，但也含有草酸，所以不能过量食用，否则会对肝脏造成损伤，加重痛风和风湿病。这两种酸模的嫩叶可以像普通绿叶菜一样蒸煮食用，或者替代葡萄叶子用来包裹馅料。

酸模属植株似乎天生就能阻止任何把它们连根拔起的企图。它最脆弱的地方是茎秆和根系的连接处，所以别妄想徒手拔，不然很容易折断，而断根很快会再长出更大的新植株，因此要用叉或铲子把长得很深的主根挖出来。它的小苗很快就会长出强壮主根，所以不要用锄头锄苗，而要一棵一棵连根拔除。

红脉酸模（*Rumex sanguineus*）是酸模属中长得比较精致漂亮的一种，它横跨蔬菜、装饰食物和药草三界。而拳参（*Bistorta officinalis*）是蓼科中既皮实又可靠的一种多年生草本，夏季开花，粉红色的穗状花序很漂亮。然而，有一个拳参栽培品种名叫 Superbum（直译为“大屁股”），多年来常常在园艺课上引起哄堂大笑。

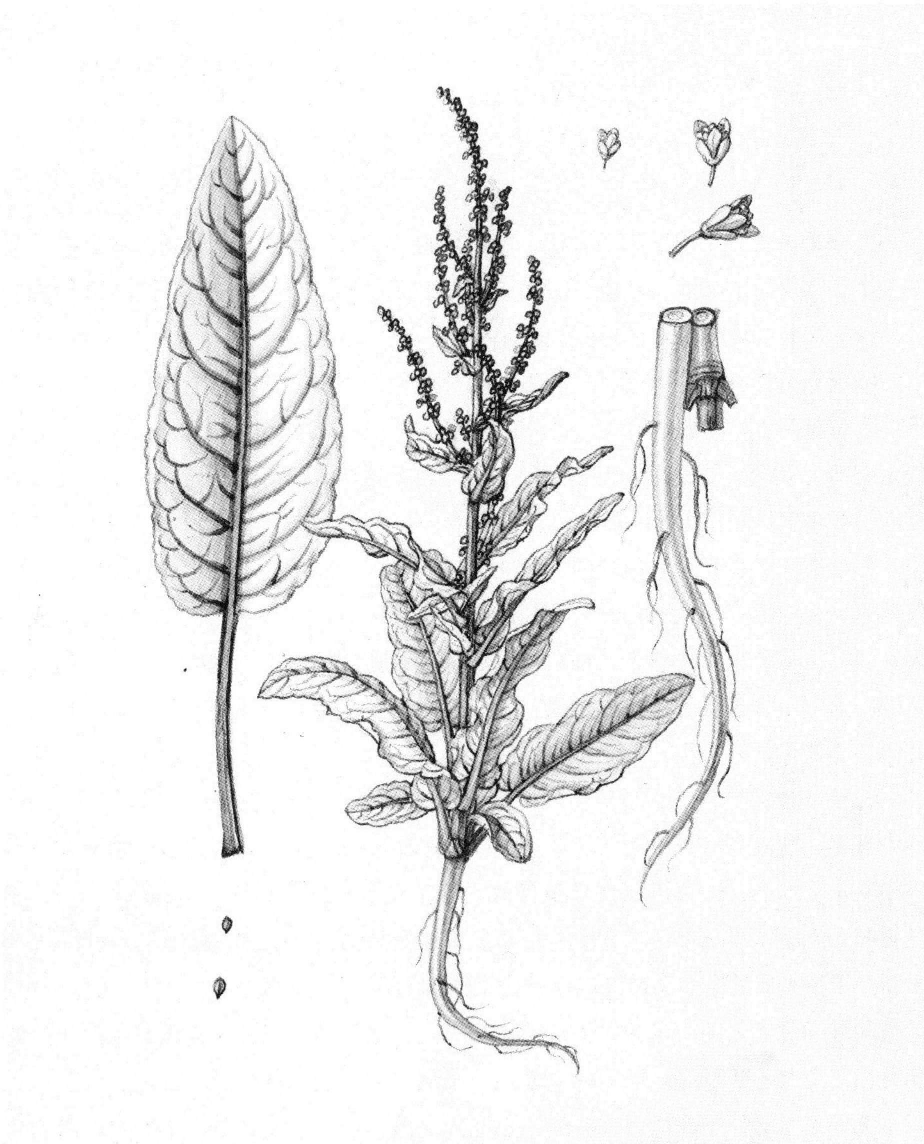

对页图 酸模的植株都长得很皮实，不论拔还是挖都很费劲。
上图 出乎意料的是，钝叶酸模和皱叶酸模都可食用。两者和酸模的亲缘关系很近。

43

欧洲千里光

Senecio vulgaris

类别: 一年生草本	用途: 无
科: 菊科	毒性: 有

欧洲千里光是个皮实的小家伙，由于生长节奏快，因此常被视为短命野草。夏季干旱、贫瘠的土壤里，它能在几周内完成发芽、开花、结籽，而植株仅长到8厘米高。植株被连根拔起后，它竟然还能结籽。

欧洲千里光具有令人惊叹的能力，和其他很多野草一样，它能根据当下的环境条件来调整其生长和繁殖模式。条件有利时，生长时间就长很多，植株高度能增长5倍多，即45厘米。它通常喜欢潮湿、营养丰富的土壤，一年可繁殖多代，是比较少见的可全年生长并开花的植物。

尽管欧洲千里光具有超强的繁殖能力，但长得不算漂亮。小小的黄色头状花序仅由管状花组成——就像向日葵和蓟的花朵中间部分，这些管状花很快就会变成瘦果，裂开后释放出大量种子，每一粒种子都长有蓬松的冠毛，这些头发丝状的冠毛就像降落伞一样确保种子可以随风长途跋涉。冠毛是菊科植物独有的特征，比如蓟和蒲公英都有冠毛。

菊科遍布世界各地，是植物界中最大的一个科，千里光属是其中的一个大属，种类繁多，从欧洲千里光到牛津千里光（*Senecio aqualidus*），再到多肉植物翡翠珠（*Senecio rowleyanus*），以及怪异至极的乞峰千里木（*Dendrosenecio kilimanjari*，现已被归入千里木属）都包括其中。在非洲东部最高的山脉上，乞峰千里木可长到10米高。千里光属的学名*Senecio*一词来源于拉丁语中的“老年男子”，意指大量灰色、蓬松的种子像老人的头发，尽管这种说法有点冷漠无情，但种子被风吹走后残留的光秃秃花盘也还挺像光头老人的。

千里光属的种子着地后，熟练的小把戏上演，快速发芽并不声不响地长出和其他野草相似的小苗。它的小苗外表看着同十字花科的野甘蓝和火箭菜的小苗相像，但有个极其简单的方法可以区别，即取一片叶子，撕碎闻一闻，千里光属的小苗没有十字花科的那种硫黄味。

园丁们几乎只会看到一种以欧洲千里光为食的昆虫，即朱砂蛾的幼虫，这种橙黑条纹相间的毛虫是少数可以耐受叶子中有毒生物碱的生物。夏季的那几个月里，在化蛹变成漂亮的红黑色飞蛾前，这些毛虫能把欧洲千里光全部消灭掉。

欧洲千里光在以前几乎“包治百病”，从给小孩子体内驱虫，到治疗淋巴结核等等无所不能。淋巴结核病又被叫作“国王的灾祸”，也称为“瘰疬症”，是一种与结核病相关的淋巴结严重细菌感染。但遗憾的是，这些疗效并未得到现代医学的证实。如果你不想为毛虫种植食物，一旦出现欧洲千里光，用手拔除即可。若要从一开始就阻断它的生长，可以铺护根物或者实行免耕园艺来减少对土壤的侵扰，因为土壤物理干扰是激发千里光生长的主要因素。

下图 在被干扰过的土地，如蔬菜种植地里，欧洲千里光是种常见野草。

44

茄属

Solanum

龙葵（*Solanum nigrum*）

欧白英（*Solanum dulcamara*）

类别: 一年生/多年生草本
科: 茄科
用途: 无
毒性: 有

茄属是一类有趣的野草，模样邪恶，名字听上去浪漫又神奇。其中有两种很常见，也常常现身花园。一种其貌不扬，而另一种，如果你敢细看的话，则美艳惊人。

龙葵和欧白英都含有毒素龙葵素，变绿的马铃薯正是因为含有龙葵素所以也有毒。人体摄入龙葵素后会出现呕吐、瘫痪、昏迷甚至死亡。人们对茄科植物似乎爱恨交加，因为它包含很多重要的农作物，如马铃薯、番茄和茄子。

龙葵看起来非常像草本的茄子，可长到20～60厘米高，叶片嫩绿，开的花呈星状，花蕊居中，带有明显的茄科植物的特点。龙葵是一年生速生草本，在建筑工地中被干扰过的裸土上，或者喷洒过除草剂的植被上，它是早期出现的拓荒野草之一。它的种子即使在地下埋几十年仍能发芽。如果一个地方出现龙葵，往往说明那里的土壤比较肥沃。

龙葵有很多品种，很容易与相近种杂交繁殖出一些极其复杂、毒性和食用性都各不相同的植物。有些龙葵品种在西非被作为叶用农作物种植，也有很多品种可食用，如太阳龙葵等。但从欧洲园丁的角度来看，这些品种多多少少和有毒的野生龙葵脱不了干系，所以如果花园里长有野生的龙葵，就不要再种植栽培品种，因为野生龙葵会自播，或许还会和栽培品种杂交。

如果把龙葵比作野兽，那欧白英就是美人。它是一种会肆意扩张、半攀缘的草本植物，会抢占灌木树篱、灌木丛、河岸以及花园里的荒地。紫黄相间的花像混色版的番茄花。仔细观察就会发现，花瓣基部有亮绿色和白色的斑点，颇具异域风情。花谢后，欧白英会结出漂亮的浆果，就像交通信号灯一样会变色，先是绿色，成熟过程中从黄色变到橙色，最终变成十分诱人的大红色。虽然人吃了会中毒，但它却是一种重要的野生鸟类食物来源。

如果你嫌弃欧白英的野草身份，但又喜欢它的外观，甚至还想种植比它更漂亮的物种，或许素馨叶白英（*Solanum laxum*）可以满足你的需求，它生长快速、强健、花量大，花期从夏天一直延续至初秋。

龙葵和欧白英的繁殖习性很有趣。植物需要消耗很多能量来制造花粉，所以花粉资源很宝贵，因而茄属植物会竭尽全力减少浪费。在和蜂类一起进化了成千上万年之后，茄属植物不再像很多挥霍花粉的植物那样提供花粉的盛宴，而是把花粉藏在气孔中，只有当嗡嗡作响的熊蜂吊在花朵上面，扇动翅膀，待振动频率恰好时，茄属植物才会释放花粉。番茄的授粉机理与茄属植物相同，只要比较它们的花，就能发现彼此间亲缘关系很近，这就是商业上培育大量熊蜂用于番茄种植授粉的原因。

对页图 虽然欧白英的浆果看似美味，但对人类有毒，最好还是留作鸟食吧。

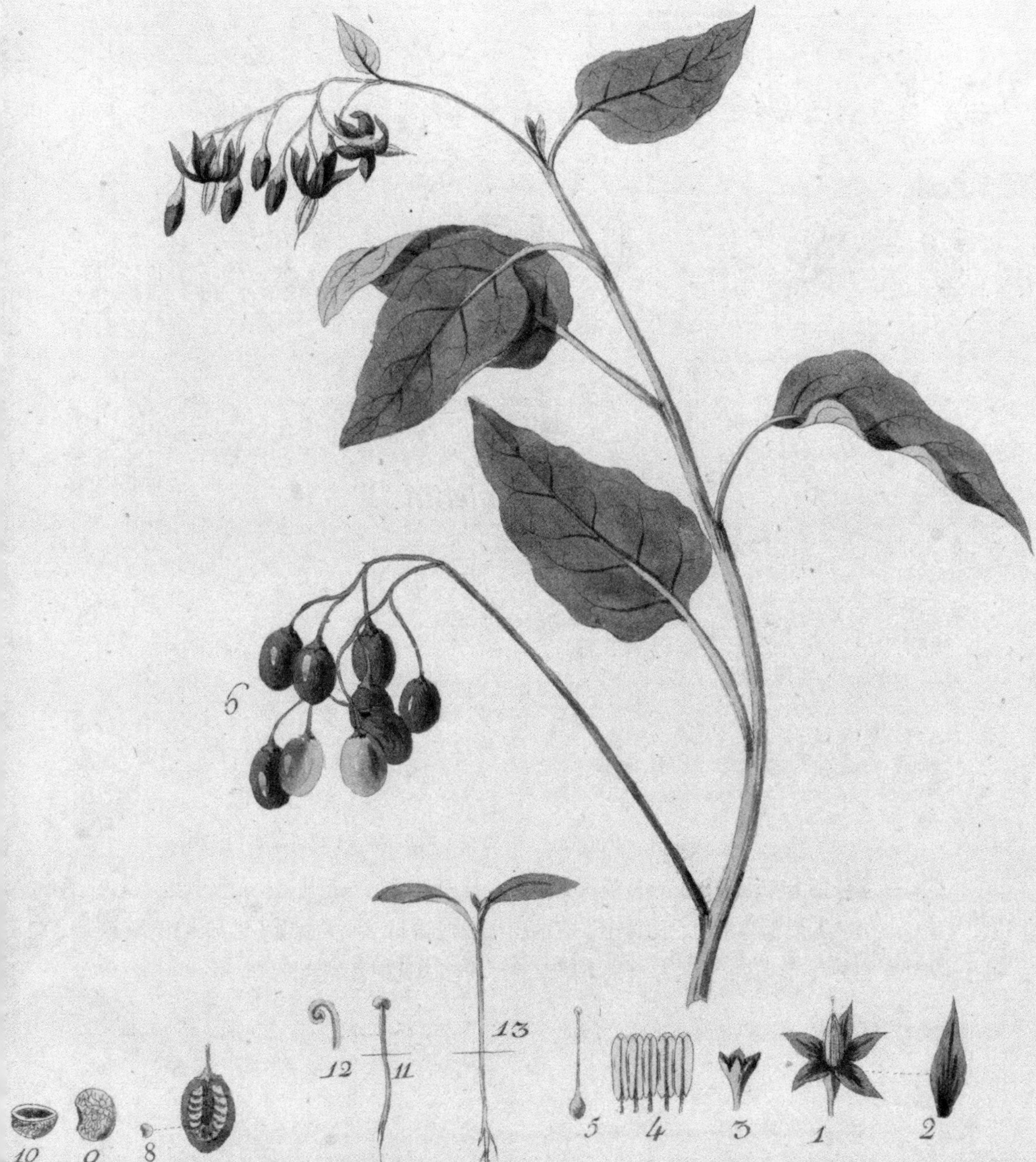
6
12
11
13
5
4
3
1
2
10
9
8
7

45

繁缕

Stellaria media

类别：一年生草本
科：石竹科
用途：食用、药用
毒性：无

繁缕或许会被当作一种野草，但它无疑是一种很不错的野生蔬菜。繁缕的分布范围很广，从英国到日本、从西方到东方，凡是生长所到之处，人们都有食用它的传统。它的植株看似脆弱，种子也很小，却无比强韧。可以说，只要是有人类居住的大陆都能见到繁缕生长。

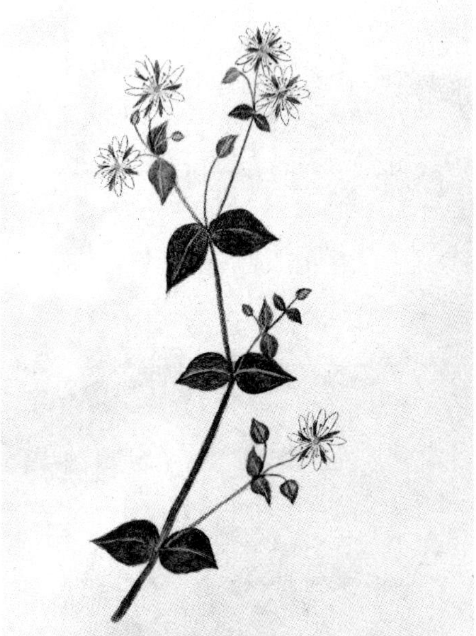

繁缕是种低矮的一年生草本植物，亮绿色的叶片为椭圆形，顶端尖，呈松散型生长，植株高约5～40厘米。它的茎长得零乱又脆弱，一侧长有一排绒毛。在放大镜下观察星状的白色花，会发现5片花瓣中每一片都像兔子耳朵那样分开，好似长了10片花瓣。属名*Stellaria*（繁缕属）来源于拉丁语，意为“星星”，指的就是花的形状。

繁缕的叶子不仅可食用，而且相当美味。它甜丝丝的，略带坚果风味。繁缕营养丰富，尤其是维生素C和维生素A以及铁、钙等矿物质的含量都很高。一旦尝试过食用繁缕，你就会认同，那些一边把繁缕当野草除掉，一边却去买一袋经过长途运输而来的袋装蔬菜沙拉的人是多么愚蠢。采摘繁缕时记得只取茎的尖梢部分，因为茎的下部纤维多。一年中气温较低的几个月生长的繁缕口感最佳。你可以把繁缕和别的蔬菜混合，也可以只用它来做沙拉，稍微切碎，淋上油醋汁即可享用。如果收获量大，还可以用来做汤，和豆瓣菜汤或菠菜汤的做法相同。只是需要注意，过量食用会有通便效果。繁缕具有舒缓、清凉、止痒的特性，所以几个世纪以来，草药师一直用繁缕制成药膏、浸剂、软膏等来作治疗用。

虽然繁缕全年都能生长，但作为“冬日野草”应对冬季可是它的专长。它秋天发芽，越冬生长，这样既可充分利用温暖的气温，也能减少与其他植物的竞争。最理想条件下，繁缕可以在短短一个月内成熟、结籽，一年内能繁殖出5代！繁缕的出现是土壤肥沃的标志。

繁缕的主要敌人是锄头。它能长出成千上万棵小苗，但幸好它脆弱易断，因而很容易清除。还可以铺护根物抑制它的生长，因为它需要透气的裸土才能长得茂盛。繁缕有个俗名叫“小鸡草”，说明鸡也喜欢吃繁缕，它们会很乐意帮你控制繁缕生长。

繁缕有时会被叫作“针线草”，但针线草其实指的是另一种林地野花硬骨繁缕（*Rabelera holostea*），它比繁缕高大得多，在蓝铃花开时节，硬骨繁缕繁星般的白色花盛放在树篱丛、林地里和阴生花园中。这两种繁缕都是石竹科的成员。

对页图和上图 繁缕柔软的叶片带有一种令人愉悦的坚果味，可作为野菜食用。

46

药用蒲公英

Taraxacum officinale

类别：多年生草本

科：菊科

用途：食用、药用、观赏

毒性：无

若从食用、药用以及对野生生物有利的角度来考量，把药用蒲公英当成野草的看法实在是令人难以置信。以客观公正的眼光来看，它也非常漂亮。

和雏菊、榕毛茛一样，药用蒲公英以大自然最欢快的方式宣告春天的到来。草坪上、路肩上一夜间开出了成片黄色的花，伴随着蜂儿快乐地享用花蜜盛宴的嗡嗡声，这些花朵散发着耀眼的光芒，冬天正渐行渐远。

摘下一朵药用蒲公英的花，你就会发现其实它是由几百朵独立的小花聚集而成的。这和它的表亲苦苣菜属植物（见第52页）的花很像，都被称为头状花序，是菊科植物的典型特征。这么多花紧密地聚集在一起，富含花粉和花蜜，是对蜂类的真正恩赐。

对蜂类的恩赐很快变成了对园丁的祸害。大量的花意味着大量的种子，药用蒲公英的种子结构精妙，可随微风飘扬到其他地方着陆。每一颗种子都长有冠毛，像长柄降落伞一样，在我们吹蒲公英种子的绒球果序时就能看到。

药用蒲公英的英文俗名dandelion来源于法语dent de lion，意为“狮子的牙齿”，但没人确切知道此名的由来。药用蒲公英的法语俗名pissenlit和古英语俗名pee-the-bed有直接的关联，两者都有“尿床”的含义。尽管俗名不招人喜欢，但法国人却喜爱吃它，并把药用蒲公英当作可食用作物种植。人们会像种植波叶大黄那样，给它

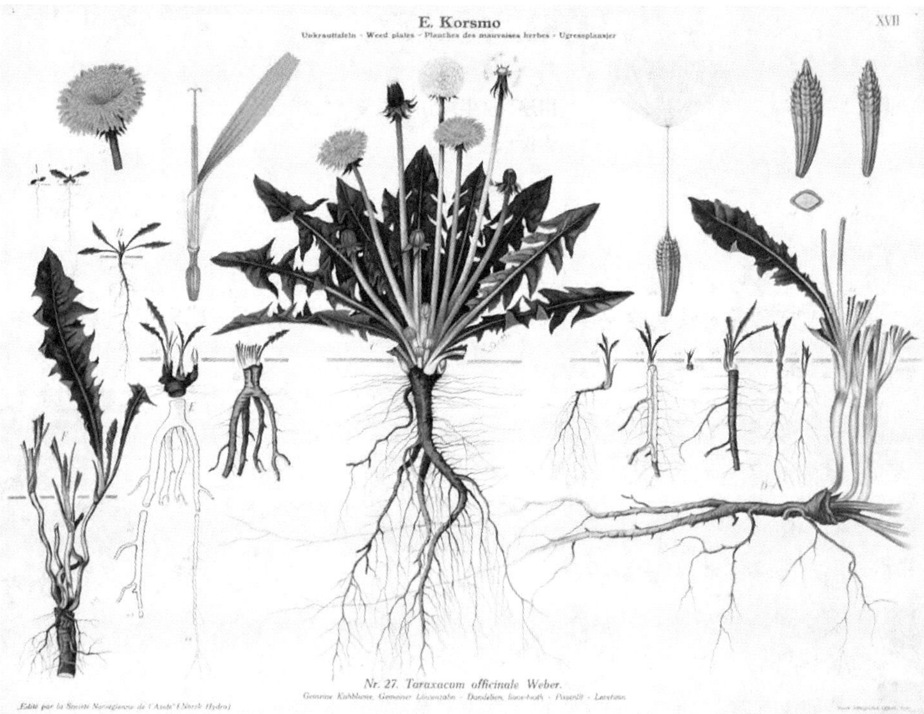

遮光，限制生长空间，没有受到光照的叶子的苦味会减少，而且口感更嫩，用来做沙拉特别好吃。

你可以试试用药用蒲公英替代沙拉菜谱中常用的菊苣，因为它的嫩叶与用枫糖或蜂蜜做成的甜沙拉酱是绝配。另外，稍老一点的药用蒲公英叶子、花可以裹上面糊油炸，其苦味很适合烹制成重油的菜肴。

药用蒲公英的叶子非常有益健康，含有丰富的维生素A、B、C、D和矿物质。如它的古英语俗名所显示的那样，它的利尿效果好，应尽量避免在睡前食用。它也利肝肾、助消化。但不要去饲养动物的农场、遛狗的小径，以及任何可能喷洒过除草剂的地方采摘药用蒲公英食用。

如果某地的药用蒲公英大量生长，说明那里土壤肥沃。假如你想充分发挥它的各项作用，那就在菜地里种上几棵。对它越是呵护，它就长得越好。如果摘下它的花苞做腌菜，就能阻止它四处自播，而且可以用来代替本地常用的一种用刺山柑花蕾做的腌菜。

药用蒲公英细看很漂亮，这种我们一直费尽心思清除的常见野草整株都可食用，药用价值也很高，还深受野生生物的喜欢，它真的该被称为野草吗？

对页图　药用蒲公英发达的根系是它们的秘密武器，即使很小的碎根都能再生。
上图　药用蒲公英的英文俗名来源于法语，意为“狮子的牙齿”。

47

车轴草属

Trifolium

红车轴草（*Trifolium pratense*）

白车轴草（*Trifolium repens*）

类别： 多年生草本

科： 豆科

用途： 食用、观赏

毒性： 无

车轴草属植物不应该被归为野草的理由有很多。它们可以滋养土壤、给蜂类提供食物、让草坪在干旱季节保持常绿。如果这些理由还不够，那就再加上一条：它们也可以食用！

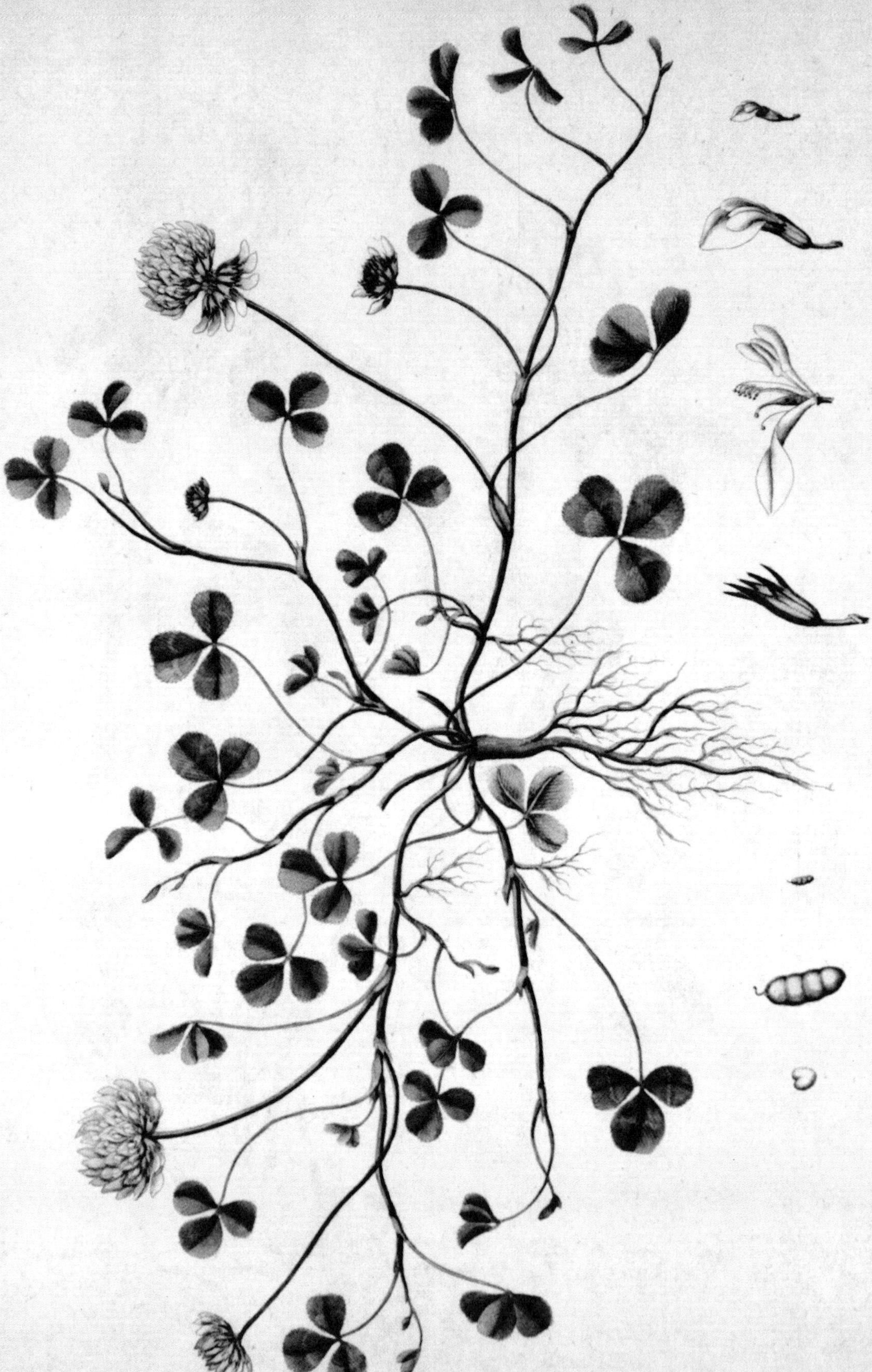

花园里常见两种本土车轴草，它们有时会被当作野草。其中红车轴草长得比较高，约为60厘米。深粉色的花穗点缀在高高的草丛中、草地上，花期可延续数月，叶片上带有独特的V形浅色花纹。而白车轴草长得矮一点，它的种加词*repens*在拉丁语中意为“蔓生”，因此在草坪、小径上长得更肆意。白车轴草的植株最高不超过45厘米，不过通常都长得更矮些，很适应在草坪中生长。它的叶子近圆形，常常带有浅色斑纹。

各种蜂类都超爱红车轴草和白车轴草。红车轴草的深色花朵吸引熊蜂前来采蜜，熊蜂的口器很长，可以够到花里面的花蜜，而蜜蜂和独居蜂们则更喜欢白车轴草。最新研究显示，白车轴草、各种蓟和帚石南提供了英国花蜜总量的50%。摘下一朵花，吸吮一滴香甜的花蜜，你就可以亲身体验到车轴草的甜蜜与丰润。车轴草的嫩叶也可以食用。车轴草属的学名*Trifolium*意为三片叶子，但有时候你也能找到四片叶子的变种，会被视作幸运降临的标志。按照民间传说所言，找到四片叶子的车轴草后你就能见到仙子！

车轴草是豆科的成员，所以它和这个科的其他亲戚一样，能够从空气中固氮。氮元素对植物生长无比重要，可以让植物常绿、茁壮。人类发明氮肥技术不过刚满百年，现在却已成为对环境破坏程度最大的事项之一。生产氮肥所排放的二氧化碳约占人类二氧化碳排放总量的1%，而且因为过剩肥料的流失，还在世界各地造成了严重的水污染。

但车轴草可持续利用太阳光固氮，不产生一点污染。车轴草和土壤中一种叫根瘤菌（*Rhizomes*）的细菌存在共生关系，这种细菌会入侵车轴草的根系形成根瘤。根瘤菌在根瘤内工作，能将空气中约占大气总量78%的氮气转变成氨，用来作为植物的养料。

大多数草坪施肥用的都是人工合成氨基氮肥。为什么我们不能弃用化肥而让大自然自给自足呢？把车轴草留在你家的草坪上会带来诸多好处，不仅可以为草坪自己提供养料、对环境有益，也能为你省钱，天气干旱的时候，还能让草坪更长时间保持绿意葱葱。当然，蜂类也会感谢你。谁说车轴草是野草？

对页图 叶子小小的车轴草作用却很大，有了它就能保持草坪全年绿意盎然。

48

异株荨麻

Urtica dioica

类别: 多年生草本

科: 荨麻科

用途: 食用、药用

毒性: 无

荨麻属是类很神奇的植物。它们可以作为食物、药物、纤维制品以及肥料，很少有物种像它们这样有着广泛用途。大量证据表明，异株荨麻还能供养野生生物。

靠近荨麻就能闻到它们那浓烈的灌木清香。异株荨麻开的花呈绿色，带有一丝接骨木花的清新气味，是户外活动、乡间漫步时的醒脑神器。异株荨麻的植株高度在30厘米到1.5米间，纤维状根系和茎秆都非常坚韧。它一贯笑对灾害，洪水或火灾过后很快就会再长出来。

英文中和荨麻（nettle）有关的词汇表明人们对这类无比实用的植物爱恨交加：nettlesome是个过时的字眼，意为“气人的”；而nettler指“令人恼火、让事情变糟的人或事”。然而，荨麻应该得到这样不堪的评价吗？

荨麻的种植历史交织在人类发展的历史中。在英国，每个郡几乎都有地名中带有“荨麻”的地方，如肯特郡的Nettlestead、达勒姆郡的Nettlepot等等，足见其重要性。

荨麻纤维的利用历史要追溯到维京时代甚至更早，比从热带地区引进棉花种植的历史还要久远。等荨麻植株长到1米左右高的时候就可以收割用来制绳。戴上皮手套，将茎秆上的叶子和刺毛撸去，再纵向劈开，去掉里面的木髓，把剩下的纤维撕成细条，然后编成辫子状。这样编织出来的绳子异常牢固，而且哪儿都用得上，比如绑番茄植株等。

异株荨麻学名的种加词*dioica*指这是种雌雄异株植物，即雌花和雄花长在不同的植株上，像冬青和石刁柏等也是雌雄异株植物。如果有机会在无风的夏日观察一片正在开花的异株荨麻田，你就会看到它的授粉过程——雄株向空中释放出黄色的花粉，这些花粉很有可能将会附着在欣然等待中的雌花上。

荨麻属植物颇受蚜虫和毛虫的喜欢。但这又有何妨呢？打个比方，我们常常把磷虾或者浮游生物视作海洋食物链的底端，来供养从沙丁鱼到抹香鲸等海洋生物。而在陆地上，蚜虫和毛虫起着相同的作用，它们会成为蓝山雀、瓢虫等大量生物的食物。荨麻属植物也是孔雀蛱蝶、优红蛱蝶、荨麻蛱蝶等的幼虫的食物，注意观察，给毛虫起庇护作用的蜘蛛网状蛹室也很独特。

荨麻属植物也能为人类提供营养。它们的叶子富含维生素A和维生素C，还有蛋白质、ω-3脂肪酸、铁和钙。它们只用嫩叶入菜；春天刚萌发时的新叶最适宜采摘，经过萎凋后的叶子既可食用又保留了营养价值，加到各种汤、香蒜酱、意大利面和意式烩饭中均可，同时也保留了它们的营养价值。荨麻属植物有消除炎症的作用，可以制成护发液和油性皮肤的护肤液。它们还是治疗关节炎的传统药物。

虽说荨麻属植物或许有滋补功效，但再美味的东西也不能贪吃。不能过量饮用荨麻茶或者食用叶子。已经开花或者长在粪堆上的荨麻属植物不能食用，因为这些植株中的氮元素含量很高，人体无法消化。如果你的荨麻地长得太茂盛（也可能是你对荨麻上瘾因而种了很多），可以在冬天把植株砍下后浸泡在水中，等浸出液呈淡淡的茶汤颜色时，就制成了绝佳的有机液体肥。

不管你种荨麻属是为了食用、给植物做肥料、制作纤维制品，还是仅仅为了野生动物，都证明了它们是一类很值得种植的野草。

上图 荨麻属植物是对人类和野生动物作用最大的野草之一。

49

婆婆纳属

Veronica

直立婆婆纳（*Veronica Arvensis*）

纤细婆婆纳（*Veronica filiformis*）

常春藤婆婆纳（*Veronica hederifolia*）

石蚕叶婆婆纳（*Veronica chamaedrys*）等

类别：	一年生/多年生草本
科：	车前科
用途：	观赏
毒性：	无

婆婆纳属植物既漂亮又神秘。杰出的博物作家理查德·梅比曾经在《不列颠植物志》中这样写道："长在路边的婆婆纳会让你的旅途一路顺遂。"没人知道他写这句话的原因。或许在汽车发明出来前，慢节奏的日子让人们对婆婆纳那种纯朴的美格外关注。

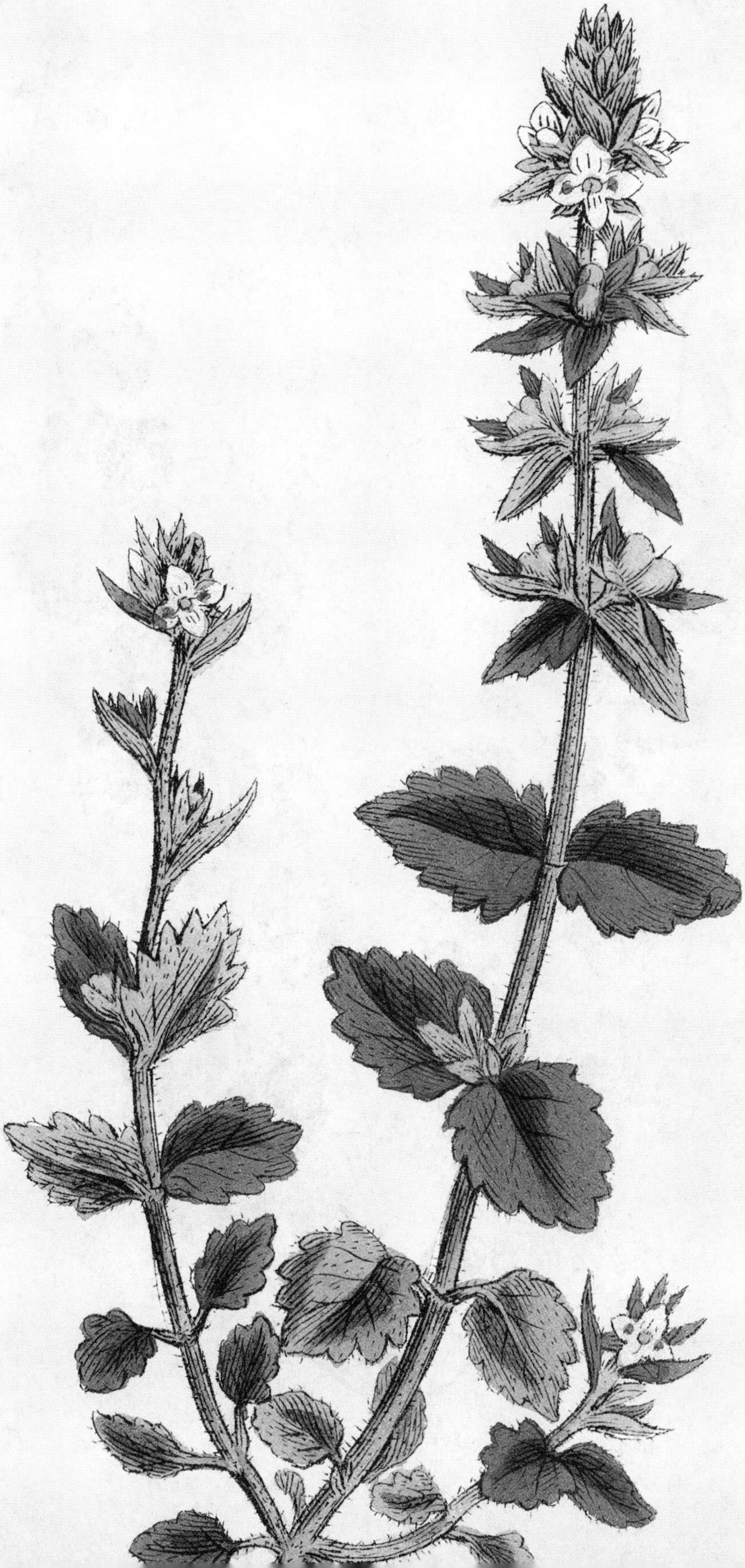

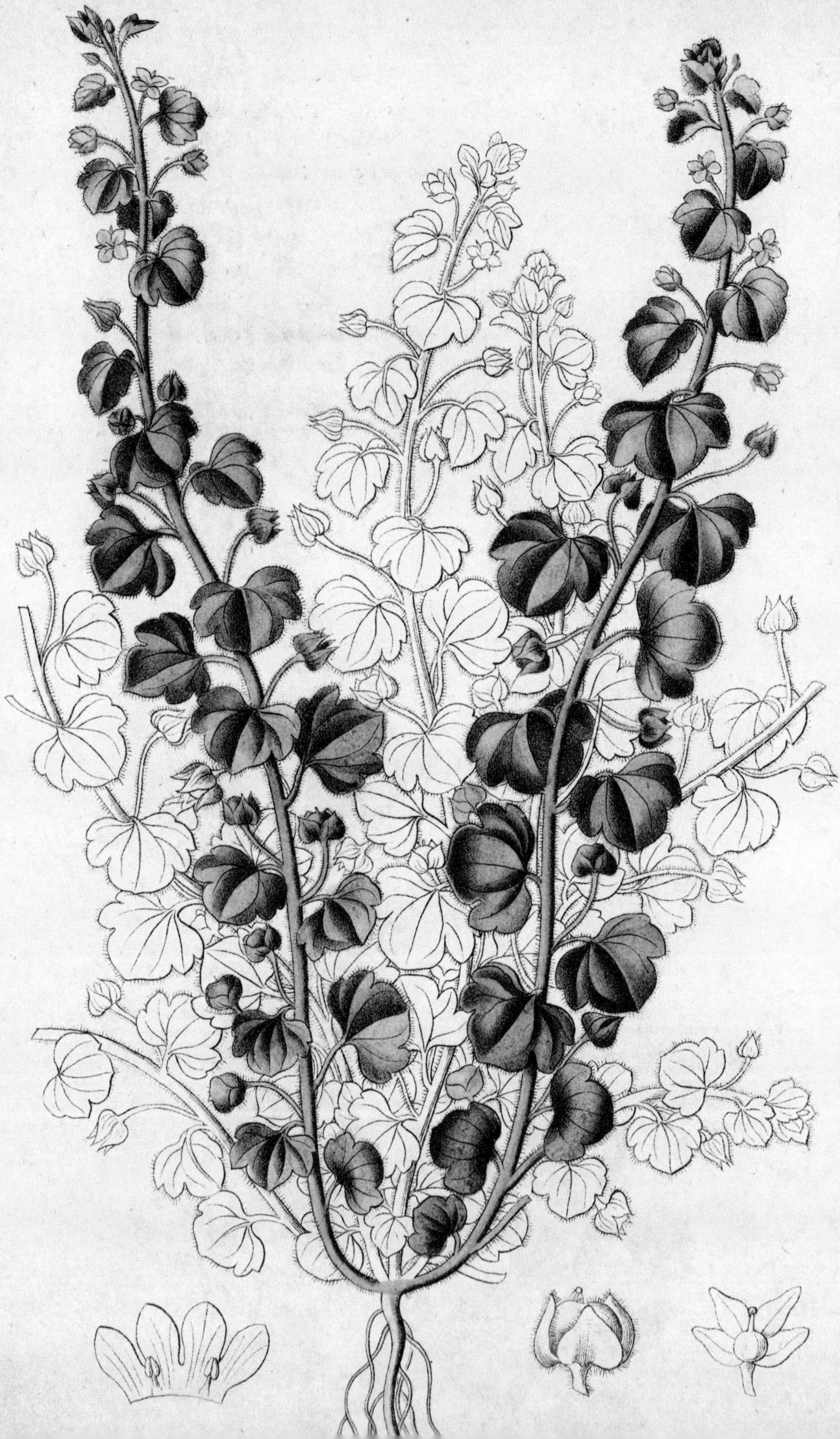

曾经，出门旅行的人会特意把石蚕叶婆婆纳缝进衣服里，或者将它作为好运气护身符佩戴。如今这一习俗已鲜为人知，有些小家子气的草坪纯粹主义者还将它视作顽固的野草。然而，只有放慢脚步、仔细观察，欣赏生活中那些微小又有野趣的东西，我们才会有更多收获。在最近举行的皇家园艺学会摄影比赛中，总冠军的获奖作品就是一幅婆婆纳的照片。照片中婆婆纳花朵娇艳，在春日早晨斑驳的阳光里闪耀着灿烂的蓝色。这证明了如果你需要美，你就能发现美。

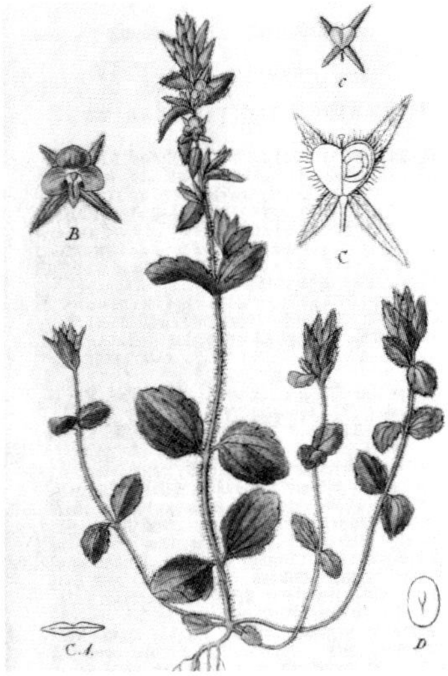

英国大约有15个比较相近的野生婆婆纳物种，大多数是本土植物。它们长得低矮、呈匍匐状、开蓝花。最常见的纤细婆婆纳则产自欧洲西南部，在19世纪作为岩石花园植物引入英国，但很快，纤细婆婆纳就认定它可以在草坪上长得更肆意。和同花母菊一样（见第122页），纤细婆婆纳十分善于利用人类的技术，总能在正确的时间出现在正确的地方。在被引进后的200年时间里，除了最高的山脉以外，它已四处蔓延，遍布各地。

为什么婆婆纳会蔓延得这么快、这么广？如果你认为传播这种漂亮的花是犯罪的话，这个罪名完全可以归咎在埃温·巴丁先生的头上。他在1830年发明了割草机，虽说是台用来割草的机器，但也可以理解成一个传播婆婆纳的工具。即使只是很小的碎片，纤细婆婆纳和它的亲戚们仍能再次焕发生机，所以草坪精修后散落的碎草会让它们越长越多，而把碎草作为护根物同样会让它们四处蔓延。

细看之下，婆婆纳属植物的淡蓝色花朵是那样纯净、漂亮，难以相信竟会有人用除草剂去扑杀它们。不过确实有人这么做了，导致婆婆纳几乎对所有除草剂都产生了抗药性。婆婆纳虽然娇小但坚韧无比——它们笑到了最后。

如果花园里长了婆婆纳，或许你也要学着去爱它们。蓝色的花毕竟比较少见，因而很多园丁都视若珍宝。现在婆婆纳也有很多栽培品种，不妨试试平卧婆婆纳（*Veronica prostrata*）或者卷毛婆婆纳“雪莉蓝”（Shirley Blue），这两种都很容易种植，它们可爱的蓝色花会把蜜蜂和蝴蝶吸引到花园里来。

对页图 漂亮又迷人的常春藤婆婆纳会让人再三端详。
上图 纯蓝色的花在自然界相对少见，但很多种婆婆纳都开这种颜色的花。

50

野豌豆属

Vicia

救荒野豌豆（*Vicia sativa*）

小巢菜（*Vicia hirsuta*）

类别： 一年生草本

科： 豆科

用途： 食用

毒性： 未煮熟的种子有毒

野豌豆属植物的生长形态介乎攀缘与蔓生之间，用“攀升”这个词来形容更恰当。野豌豆属柔韧纤细的茎秆悄无声息地在其他植物间穿行，用它们那一簇簇精美的羽状裂叶、漂亮的小花把这些植物覆盖起来。叶子尾部带卷须是野豌豆属的典型特征。

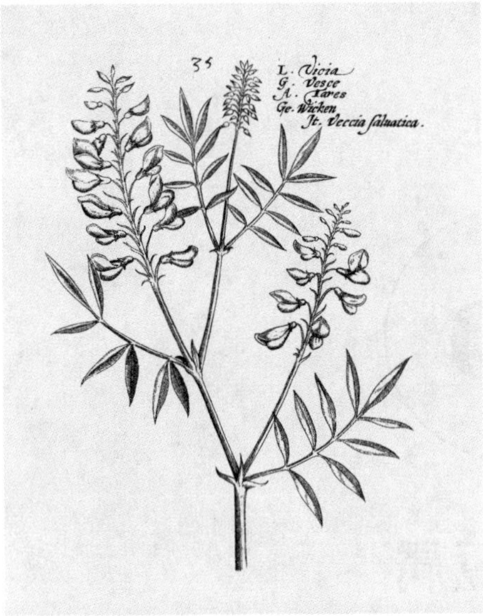

但野豌豆属究竟是类什么样的植物？从它的学名即可得悉，蚕豆（*Vicia faba*）也属于野豌豆属，仔细观察它们的花，马上就会发现它们长得很像。除了蚕豆，豌豆和香豌豆也都是野豌豆属的，它们都是豆科的成员，可以自己制造氮肥（可参见第182页车轴草的介绍）。

小巢菜的学名直译是“多毛野豌豆”，种加词*hirsuta*有浑身长毛的意思。救荒野豌豆的种加词*sativa*意为“种植的”，说明它很久以前就被广泛种植，历史太过久远，以至于没人能确定它的原生地，这正表示它具有极高的利用价值。

救荒野豌豆过去曾作为牲畜的饲料而普遍种植。它也可以肥田，在既便宜又供应充足的肥料出现以前，救荒野豌豆发挥了很大的作用。现在，我们仍能买到它的种子用作绿肥，通常被当成“冬季绿肥”售卖，这种皮实的作物可用来在冬天作为土壤覆盖物。通常在八九月间播种，可以播得密一点，从而抑制各种野草的生长。为了获得最大肥力，可以在救荒野豌豆结籽前把植株翻入土中，也可以保留一小片地，等它花开时看看蜂儿纷至沓来的景象。

救荒野豌豆非常乐于奉献，除了花量大、花粉多以外，它甚至还会产生更多的“花外蜜腺”，即那些沿着茎秆分泌的一滴滴花蜜。据说这是为了吸引蚂蚁，让植株抵御食草动物的攻击。小巢菜也会产生大量花蜜，多到连花都几乎要随之滴落下来，因而成为各种传粉昆虫争相前往的圣地。小巢菜可以长到45厘米高，而救荒野豌豆则能长到1米，但在干旱和生长竞争激烈的地方就会矮小很多。

理论上来说只要制作方法得当，野豌豆属的种子是可以食用的。小巢菜种子被用来作为兵豆的替代品，“替代品”一词的含义不言而喻，说明它在各方面都可与兵豆媲美。小巢菜还有一个可爱的古称叫作“穷人的豌豆”。和菜豆等其他豆类一样，需要先用水将种子泡发，煮开、过几遍水后再烹饪食用。小巢菜的种子很小，仅仅为了食用实在不值得这么大费周章，我们种它还是用来实现绿肥自由、吸引奇妙的野生生物光顾吧！

对页图 野豌豆属植物是庄稼地里常见的野草，远古时代就已为人熟知。
上图 野豌豆属植物的花看起来就像迷你的香豌豆花。

译名对照表

Achilles 阿喀琉斯
aggregate species 物种群
bibimbap 石锅拌饭
British Beekeepers Association(BBA) 英国养蜂者协会
Budding, Mr 埃温·巴丁
Burton, Tim 蒂姆·伯顿
Butterfly Conservation 英国蝴蝶保护委员会
Carboniferous period 石炭纪
Chatto, Beth 贝丝·查托
Chaucer, Geoffrey 杰弗雷·乔叟
Chinese medicine 中医
Clare, John 约翰·克莱尔
Code of Practice on How to Prevent the Spread of Ragwort (Defra)《关于如何防止疆千里光蔓延的实践守则》
composite flowers 头状花
croziers 蕨类的卷芽
Defra 英国环境、食品及农村事务部
Devonian period 泥盆纪
disc flowers 心花
fern allies 蕨类植物
fernbrakes（蕨类植物幼苗的）卷芽
ferns 蕨类
fiddleheads（蕨类植物幼苗的）卷芽
First World War 第一次世界大战
Flora Britannica《不列颠植物志》
fronds 蕨叶
Garden Butterfly Survey 花园蝴蝶调研
Gerard, John 约翰·杰勒德
Harry Potter《哈利·波特》
Industrial Revolution 工业革命
Invasive Alien Species (Enforcement and Permitting) Order (2019)《外来入侵物种（强制实行和许可）令（2019）》
Kew Gardens 邱园
Knepp Castle 奈颇城堡
living fossils 活化石
Lloyd, Christopher 克里斯托弗·劳埃德
Mabey, Richard 理查德·梅比
Mestral, George de 乔治·德梅斯特拉尔
NASA 美国国家航空航天局
National Herb Committee 英国全国草药委员会
Oppenheimer, Strilli 斯特里利·奥本海默
Owen, Denis 丹尼斯·欧文
Owen, Dr Jennifer 珍妮弗·欧文博士
pappus 冠毛
Phillpotts, Eden 伊登·菲尔波茨
phytoremediation 植物修复
pteridophytes 蕨类植物
ray flowers 边花
rhizomes 根状茎

RHS Award of Garden Merit 英国皇家园艺学会园艺优秀奖
RHS Chelsea Flower Show 英国皇家园艺学会切尔西花展
RHS Photographic Competition 英国皇家园艺学会摄影比赛
RHS Plant Finder 英国皇家园艺学会植物名录
Robinson, William 威廉·鲁滨逊
samaras 翅果
"second spring" 小阳春
Second World War 第二次世界大战
Shakespeare, William 威廉·莎士比亚
Sissinghurst Garden 西辛赫斯特花园
Snelling, Lilian 莉莲·斯内林
strobili 孢子叶球
symbiosis 共生关系
thistledown 蓟的冠毛
Thompson, Ken 肯·汤普森
tobacco substitute 烟草的替代品
Tolpuddle Martyrs 托尔普德尔蒙难者
Trojan War 特洛伊战争
turions 具鳞根出条
Turkish mad honey "土耳其疯蜜"
The Unofficial Countryside (Mabey)《非正式的乡村》
Velcro 魔术贴
verticillasters 轮伞花序
Weeds Act (1959)《野草法案（1959）》
White Garden 白色花园
Wildlife and Countryside Act (1981)《野生生物和乡村法案（1981）》
winter weeds 冬季野草
Wordsworth, William 威廉·华兹华斯

致　谢

本出版社非常感谢以下机构允许在本书中转载图片：

Akg-Images图库：Florilegius 194；
Alamy图库：510收藏62；图集16，78，140，164；Artokloro 45；Bilswissediton图片公司22—23，81；Chronicle 31；Florilegius 26，34，126，169；Hamza Khan 40，161；Bildagentur-online收藏的历史图片69，107；Interfoto 144；Jimlop收藏121；图书馆藏115；老照片收藏75；Utcon收藏166；
德国巴伐利亚国家美术馆：51，59；
BioLib：27，46，61，67，76，97，124，136，145，183，189；
法国斯特拉斯堡大学图书馆：142；
Bridgeman图库：98，197；Florilegius 116（左）；Liszt收藏14—15；The Stapleton收藏178；
荷兰Geheugenvannderland：180；
Getty Images图库：通用历史档案191；
美国哈佛大学植物学系图书馆：94；
美国圣路易斯密苏里植物园：13，21，37，48—49，56，83，86，89，92，99，102，116（右），119（右），121，138，153，181；
美国纽约植物园：81，110，143，186；
公版：193；
西班牙马德里皇家植物园：6—7，8，10—11，18，29，53，71，91，118（左），184；
丹麦哥本哈根皇家图书馆：146；
美国华盛顿特区史密森学会：32，64—65，135，137，148；
法国国家园艺学会：39；
繁缕博物馆：177；
美国伊利诺伊大学：110，192；
除上述图片外，其他图片版权所有：英国皇家园艺学会（RHS）。
我们已尽一切努力确认每幅图片的来源和/或版权所有者，若发生任何无意的错误或遗漏，Welbeck出版社在此深表歉意并将在新版本中对此予以更正。

图书在版编目（CIP）数据

野草 ： 野性之美 / （英） 加雷思 · 理查兹
(Gareth Richards) 著 ； （英） 英国皇家园艺学会
(Royal Horticultural Society) 编 ； 光合作用译.
南京 ： 译林出版社， 2025. 8. -- （译林自然科普经典）.
ISBN 978-7-5753-0805-2

Ⅰ. Q94-49

中国国家版本馆CIP数据核字第2025M1N290号

著作权合同登记号　图字：10-2021-639号

野草：野性之美　［英国］加雷思 · 理查兹／著　英国皇家园艺学会／编　光合作用／译

责任编辑　杨欣露
装帧设计　孙逸桐
校　　对　梅　娟
责任印制　董　虎

原文出版　Welbeck Publishing Group, 2021
出版发行　译林出版社
地　　址　南京市湖南路 1 号 A 楼
邮　　箱　yilin@yilin.com
网　　址　www.yilin.com
市场热线　025-86633278
排　　版　南京展望文化发展有限公司
印　　刷　江苏凤凰新华印务集团有限公司
开　　本　718 毫米 × 1000 毫米　1/16
印　　张　13
版　　次　2025 年 8 月第 1 版
印　　次　2025 年 8 月第 1 次印刷
书　　号　ISBN 978-7-5753-0805-2
定　　价　69.00 元